U0169981

# 古生物食堂

[日] 土屋健 著

[日] 黑丸 绘

[日] 松乡庵甚五郎二代目 料理审校

[日] 古生物食堂研究者团队 生物审校

吴勐 译

文化发展出版社
Cultural Development Press

·北京·

# 图书在版编目（CIP）数据

古生物食堂 /（日）土屋健著 ;（日）黑丸绘；吴勐译 . —— 北京：文化发展出版社，2024.5

ISBN 978-7-5142-3869-3

Ⅰ . ①古… Ⅱ . ①土… ②黑… ③吴… Ⅲ . ①古生物 – 通俗读物 Ⅳ . ① Q91-49

中国版本图书馆 CIP 数据核字（2023）第 050421 号

KOSEIBUTSU SHOKUDO
written by Ken Tsuchiya
illustrated by Kuromaru
Biological supervision by Paleotological Cuisine Researcher Team
Cooking supervision by Shogo-An Jingoro the 2nd
Copyright © 2019 Ken Tsuchiya, Kuromaru and Azusa Ito
All rights reserved.
Originally published in Japan by GIJUTSU HYOHRON CO., LTD, Tokyo.
Chinese (in simplified character only) translation rights arranged with GIJUTSU HYOHRON CO., LTD, Japan
through THE SAKAI AGENCY and BARDON CHINESE CREATIVE AGENCY LIMITED.

著作权合同登记号：01-2023-1343

## 古生物食堂

著　者：[日]土屋健
绘　者：[日]黑丸
译　者：吴　勐

出 版 人：宋　娜
责任编辑：谢心言　范　炜　　　责任校对：岳智勇
封面设计：郭　阳　　　　　　　责任印制：杨　骏
出版发行：文化发展出版社（北京市翠微路 2 号 邮编：100036）
发行电话：010-88275993　010-88275711
网　　址：www.wenhuafazhan.com
经　　销：全国新华书店
印　　刷：固安兰星球彩色印刷有限公司

开　本：880 mm×1230 mm　1/32
字　数：202 千字
印　张：8.75
版　次：2024 年 5 月第 1 版
印　次：2024 年 5 月第 1 次印刷

定　价：69.00 元
I S B N：978-7-5142-3869-3

◆　如有印装质量问题，请与我社印制部联系　电话：010-88275720

# 前言

恐龙的肉好吃吗？

菊石和三叶虫能吃吗？

奇虾又是什么滋味的呢？

谈起古生物，总会有人问我它们是什么味道的这种问题，于是我就想，总有一天我要把这个话题写成一本书。

不过话虽这么说，我也并不想把情节设定为"穿越到恐龙时代"这么简单。平时我们入口的菜品，每一道都融合了与食材相宜的丰富巧思，如果只是穿越时空，回到过去去享用，很多巧思就根本不成立了。

因此，我决定把本书的写法设定为"让古生物活在现代"。利用现代多样化的烹饪技术，使用现代的厨具、调料，活用这些近在我们身边的东西，打造更加令人垂涎的菜色。

至于古生物的味道嘛……其实没人实际品尝过，谁也不好断言，但我可以尽量科学地做推测。我将重点关注古生物的系统关系（祖先、后代之间的关系）和栖息环境，并在现生的动物中找到和各种古生物"食材"亲缘关系近的物种，调查这些动物的味道，偶尔做点儿微调，最后正式开始"烹饪古生物"。

关于味道的资料，我考虑到味觉的感受因人而异，因此决定尽量参考日本人的著作，尽量参考现代人的记录。但依然还是有几种食材，让我不得不查阅了一些稀有的书籍（算是奇书吗？）。

我写这本古生物科普书的目的是激发大家对知识的好奇心，可毕竟题材比较特别，为了顺利地写作，我需要找几位同样拥有"玩科学精神"的古生物专家和厨师。

我首先找到的是二十多年的老朋友、北海道大学的小林快次。小林研究室专家云集，都是研究各种古脊椎动物的年轻学者，包括现在依然在研究室工作的高崎龙司（恐龙脏器）、筑波大学的田中康平（恐龙蛋）、大阪市立自然史博物馆的田中嘉宽（海洋哺乳动物）、兵库县立人与自然博物馆的久保田克博（兽脚类恐龙）和田中公教（鸟类）、冈山理科大学的林昭次（植食性恐龙、海洋爬行动物、海洋哺乳动物）和千叶谦太郎（植食性恐龙）。小林先生为我一一做了介绍。

此外，我还去拜访了过去在其他项目中共事过的学者，包括国立科学博物馆的木村由莉（哺乳动物）、城西大学的宫田真也（鱼类）、金泽大学的田中源吾（古生代节肢动物），还有我学生时代的旧友，前北海道博物馆的研究员，现任 Geo Labo 公司董事长的栗原宪一（菊石）。

厨师方面，我讨教的是松乡庵甚五郎的第二代老板。这家店是我们当地的一家荞麦面馆，我和各家出版社编辑见面的时候常常选在这里。店里能做不少怀石料理和创意菜，写这本书是绝对胜任的。况且，店老板还是这地方为数不多知道我干什么工作的人。

大家能够欣然接受我这项让人摸不着头脑的策划，还在百忙之中解答我的各种疑问和咨询，我真是由衷感激。谢谢你们。


本书的插图是由漫画家黑丸绘制的。我从《欺诈猎人》（小学馆出版）开始就是她的"粉丝"了。如今，黑丸正在《月刊 YOUNG KING OURs》（少年画报社出版）上连载《灭绝酒馆》，而我则有幸在其单行本上发表了一篇专栏。《灭绝酒馆》是一部独特的作品，各式各样的古生物，下班后齐聚小酒馆，在美丽老板娘的陪伴下"一醉方休"。黑丸在漫画中对古生物和美食都有描绘，因此我就请她为本书绘制了插图。我提出这个不情之请的时候，黑丸还在连载自己的新书，可她还是忙里抽闲痛快地应了下来，并出色地完成了工作，我真的很感谢她。而且，在本书的烹饪场景中，《灭绝酒馆》里的老板娘还来"客串出演"了，再次感谢黑丸、《灭绝酒馆》的责任编辑星野樱，以及少年画报社。

正是有了上述各位的大力协助，写作本书的项目才得以启动，而后续的工作，则全部由从"古生物黑皮丛书"那时候起就跟着我的工作人员来负责。负责排版设计的是 WSB inc. 的横山明彦，负责编辑的是伊藤梓和技术评论社的大仓诚二。在写作阶段，我的妻子（土屋香）也提出过诸多建议。

另外，本书从介绍古生物"食材"的生态开始，进而介绍到它们的获取方式、烹饪方法，但并未在正文中写到我的"原始资料"，也就是拿来参考它们味道的生物，所以我在全书的最后特地准备了"后厨入口"的板块。在这个板块里，我介绍了"味道的参考生物"，以及本书设定背后的诸多资料。

不过，味觉的感受毕竟是因人而异的，利用参考生物推测出来的味道想必也一定会有许多不同的意见。

我想请读者在阅读本书时，务必发挥自己的想象力，带着好奇心，多多幻想"这种古生物应该是这个味道的吧?"或者"换做是我,我会这样来做这道菜品!"希望大家把阅读本书当成一种消遣,慢慢地享受科学带来的乐趣。

最后,我也要感谢每一位捧起这本书的读者,谢谢你们。


2019 年 7 月

土屋健(科普作家)

# 地质年代表

| 代 | 年代 | 纪 | 世 |
|---|---|---|---|
| 新生代 | | 第四纪 | 全新世 |
| | | | 更新世 |
| | 约258万年前 | 新近纪 | 上新世 |
| | | | 中新世 |
| | 约2300万年前 | 古近纪 | 渐新世 |
| | | | 始新世 |
| | 约6600万年前 | | 古新世 |
| 中生代 | | 白垩纪 | |
| | 约1亿4500万年前 | 侏罗纪 | |
| | 约2亿100万年前 | 三叠纪 | |
| | 约2亿5200万年前 | 二叠纪 | |
| 古生代 | 约2亿9900万年前 | 石炭纪 | |
| | 约3亿5900万年前 | 泥盆纪 | |
| | 约4亿1900万年前 | 志留纪 | |
| | 约4亿4400万年前 | 奥陶纪 | |
| | 约4亿8500万年前 | 寒武纪 | |
| | 约5亿4100万年前 | 埃迪卡拉纪 | |
| | 约6亿3500万年前 | "原始生命时代" | |

约46亿年前 地球诞生

# 目录

## 新生代篇

## 古生物食堂　后厨入口

\* 文中标记 🍴 表示此处附有参考资料，见"古生物食堂　后厨入口"处。

\*\* 本书中提及的现代生物的食用方式仅为科普之用，我们提倡保护自然，请勿食用野生动物。

店家推荐

古生代 篇

产地直送

中国风挂卤旋齿鲨鱼块 &
酱炖鱼肝

扰豫不决
时的首选

特辣辣酱爆炒沟鳞鱼

笠头螈蔬菜火锅

超人气

时价

奇虾炸肉丸淋糖醋汁&
清炸虾尾尾蘸虾黄酱

大阪烧风味球接子
配拟油栉虫虫黄酱

日式皮卡虫煎蛋卷

广翅鲎番茄意大利面

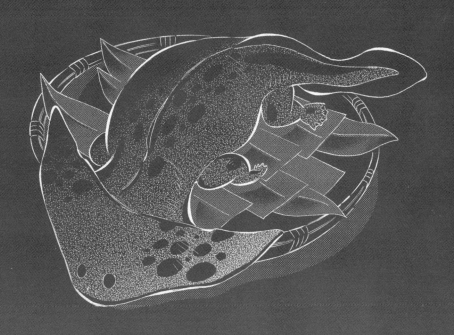

用超人气古生物做出两道适合派对的菜品

# 奇虾炸肉丸淋糖醋汁 &
# 清炸虾尾蘸虾黄酱

【古生物审校】金泽大学国际基干教育院　田中源吾

巨大的触须和硕大的眼睛是奇虾独有的特征。

你知道吗? 名气超大的奇虾, 做成菜品也很美味!

下面我来介绍奇虾触须、虾黄、尾鳍等各部位的推荐做法。

奇虾视力绝佳、活动灵巧，极难捕捉。

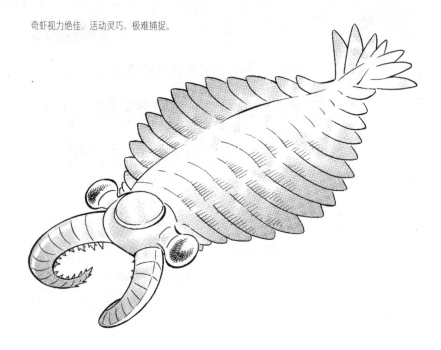

## 瞄准它们的身体

奇虾🔸可不是你想抓就能抓到的猎物，不过在极少数情况下，人们也能用底曳网或船拖网捕捉到它们。

一旦落网，奇虾就会扭动着鳗鱼一般的身体，和鱼群混为一团。它们的身体两侧有多个鳍，尾部也有 6 片大小不一的尾鳍，头顶则有两根大触须🔸，触须根部长有两只硕大的复眼。体形较大的奇虾，可以长成体长 1 米的庞然大物🔸。

只要确认奇虾落网，你最好赶紧拿出鱼叉，瞄准它们的身体刺下去，将其打捞起来。此时的关键在于不能损伤奇虾的触须、头部、尾鳍和尾鳍的根部。它们的躯干部位只有鳃，几乎没有可食用的地方🔸。

奇虾的头部长有眼柄,眼柄的顶端有发达的复眼✎。通过眼柄的运动,它们可以拥有非常宽广的视野。同时,奇虾的游泳能力绝佳,能在水下灵活地转弯✎,因此要在它们游泳时捕捞也绝非易事。

捕捉奇虾还有一种方法,就是拿剥了壳的小虾当诱饵✎进行垂钓。但奇虾有个习性,就是在吃食物前会先用触须来确认。如果用钓钩垂钓,很可能会伤及它们的触须,甚至可能只把奇虾触须给钓上来。奇虾全身最美味的部位就是触须了,所以我们得尽可能完美无损地进行捕捞,因此不推荐垂钓的方式。

综上所述,捕捞奇虾最常用的方式,就是让奇虾的行动受到一定程度的限制,比如和其他小鱼一起被"一网打尽",然后一把刺穿它们不适宜食用的躯干部分。


## 制作菜品,品味其触须的松软口感

有些较大的奇虾,仅触须就和日本对虾差不多大。

触须是奇虾身上最硬的部位✎,不过这倒也并不会影响我们做菜。首先,我们要从触须的根部下刀,用菜刀把触须和头部分离开来。切下触须的奇虾身体看起来和普通的大虾没什么两样✎,只不过毫无虾肉的弹性。

接下来,剥去触须外覆盖的薄皮✎。这时候如果你觉得太腥,可以用淀粉和盐搓洗。

剥掉薄皮后,把触须放入擂菜钵,研磨至顺滑,然后加入蛋清、淀粉、盐、酒,以及山药泥和洋葱末拌匀。在加入洋葱末之前,别忘了先用清水泡一泡,去除辣味。

最后，我们要把制作好的馅料搓成一口大小的肉丸，放入140—150℃的热油中炸至熟透。要注意切勿油温过高，将外层炸煳。

这样，奇虾炸肉丸就出炉了，口感外酥里嫩🍴，让人十分享受。不过，奇虾触须的肉有一种特殊的苦味🍴，虽然这正是它们特有的风味，但如果你不喜欢苦味，则可以取糖、醋、酱油和淀粉调制糖醋芡汁，淋在肉丸之上使其适口。若再加入生姜和鸭儿芹来调味，更可享受其风味的变化。

奇虾可以食用的部位有尾鳍根部、
触须和虾黄，每个部位都鲜美无比。

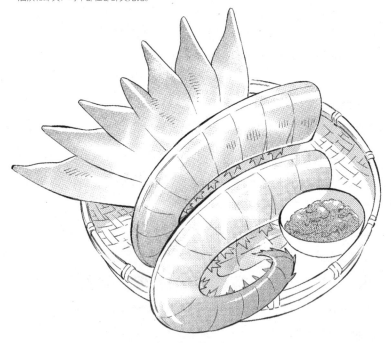

## 虾尾蘸虾黄酱

奇虾能吃的部分不只触须，你可千万别忘了吃它们的虾黄（即原来的肝胰脏[①]）。

奇虾的头部有一块薄薄的甲壳，这块甲壳之下有一块圆形的区域 🔪，虾黄就藏在这里。虾黄浓缩着丰富的营养，口味鲜美、浓厚。

我猜肯定有人受不了虾黄独特的腥味。如果你受不了，推荐你在虾黄中拌上一些奶油奶酪和蛋黄酱。如果只放蛋黄酱，它的味道就会"喧宾夺主"，盖住虾黄的鲜美，加入奶油奶酪，酱料整体则会变温和，也能让食客尽情感受虾黄的味道。

应该也有人想品尝纯粹的虾黄吧，不过买到一只完整的奇虾还是很难的，所以我推荐大家把尾鳍和尾鳍的根部也用来烹饪 🔪。

我们可以在距离尾鳍根部几厘米的地方下刀，把尾鳍从尾巴根部切下来，再切成方便食用的大小。具体的大小可按个人的喜好，但若想感受奇虾的巨大身躯，不如切得大一些。

此时，如果你不喜欢虾肉散发出的气味，可以用日本酒先腌一下，然后放入油中清炸，最后蘸刚才做好的虾黄、奶油奶酪和蛋黄酱混合蘸料来享用。酥脆清香的奇虾尾鳍，和奶香浓郁的蘸酱相得益彰。

---

① 原文为"大脑"，但奇虾头胸部里的虾黄其实是肝胰脏，是消化腺体。本书注释如无特殊说明，均为译者注。

# 奇虾炸肉丸淋糖醋汁

## 糖醋芡汁盖过触须的苦味
## 一道口感松软的菜品

奇虾身上可以吃的部位有很多。

【材料】（2 人份）

奇虾的触须……250g

A
- 蛋清……1 颗份
- 淀粉……2 小勺
- 大和芋山药（磨成泥）……30g
- 盐……少许
- 白酒……少许

洋葱……1/4 个
色拉油……适量
醋……4 大勺
酱油……4 大勺
白砂糖……4 大勺

B
- 水……1 大勺
- 淀粉……1 大勺

生姜……少许
鸭儿芹……少许

◆◆ 做法 ◆◆

❶制作奇虾炸肉丸。将奇虾的触须从头部切下来，剥去虾壳，切成 1 厘米大小的肉块，放入擂菜钵中磨碎至顺滑，最后加入 A 充分搅拌。

❷将洋葱切碎、泡水。沥干水分后加入①中的擂菜钵，充分搅拌后搓成一口大小的肉丸。

❸锅内加入色拉油，加热至 140—150℃，将②中的肉丸炸至表面金黄，其间要经常搅拌，以免受热不均。

❹制作糖醋汁。在锅内加入醋、酱油、白砂糖后加热。将 B 混合成淀粉水，在糖醋汁沸腾后加入勾芡。

❺将③中炸好的肉丸盛入盘中，淋上④中的芡汁，表面撒上切碎的生姜和鸭儿芹即完成。

# 清炸虾尾蘸虾黄酱

利用奶油奶酪中和虾黄的腥味
搭配啤酒和日本酒的最佳小菜

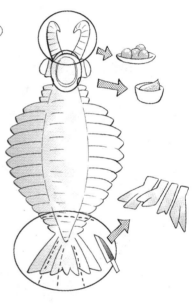

## ◆◆ 做法 ◆◆

❶ 制作虾黄蘸酱。剥去奇虾头部的虾壳，
将其中的虾黄用小勺挖出来放入盘中。

❷ 等奶油奶酪恢复至常温，盛入碗中，打
发至柔软。加入①和蛋黄酱，搅拌，并
加入盐、胡椒粉、柠檬汁调味。

❸ 制作清炸虾尾。用菜刀从奇虾的尾部和身
体分界线下刀切开，再纵向切成小块。

❹ 锅内加入色拉油，加热至 160—170℃，
将③炸至表面酥脆。

❺ 将④盛入盘中，配上②中做好的蘸酱即
完成。

【材料】※方便制作的参考分量

奇虾虾黄和尾部……1 只份
奶油奶酪……50g
蛋黄酱……2 大勺
盐……少许
胡椒粉……少许
柠檬汁……少许
色拉油……适量

利用三叶虫和山药制作菜品

# 大阪烧风味球接子配拟油栉虫虫黄酱

【古生物审校】金泽大学国际基干教育院　田中源吾

三叶虫是在超市里就能买到，随处可见的古生物食材。

这次我特地选择了两种易于烹饪的菜品。

但你可别以为三叶虫毫无创意，只要搭配上山药泥，立刻变成你从未尝试过的一道美食。

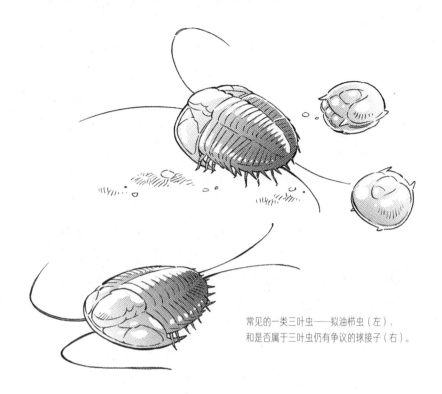

常见的一类三叶虫——拟油栉虫（左），
和是否属于三叶虫仍有争议的球接子（右）。

## 第一步：处理三叶虫

三叶虫纲共有超过1万个物种🔪，就算是研究它们的专家，也不能把所有物种的名字一一列举出来。

三叶虫分布在世界各地的海洋当中，只要是贩卖海产品的商店，一定都能找到这种食材。三叶虫纲当中，有凭自己的力量游泳的物种，也有只在海床上爬行的物种，所吃的食物也因物种的不同而不同。此外，它们的甲壳虽然基本上都和贝类一样，是由碳酸钙构成的🔪，但不同物种的厚度和硬度也不尽相同🔪。

这次，我们在多样的三叶虫纲中选择了身长约9厘米的拟油栉虫🔪

来进行烹饪。拟油栉虫是比较常见的三叶虫品种，甲壳也比较软。适用于这类三叶虫的烹饪方法，放在其他种类的三叶虫身上应该也没问题。

一般来说，人们会用渔笼来捕捞拟油栉虫，并会在饵料中掺入鱼肉糜。捕捞拟油栉虫所使用的渔笼是专用于捕捞在海床上爬行的三叶虫的，设置好后，其开口几乎都位于海床附近。

大多数三叶虫在感受到危险时都会缩成一团。但如果让三叶虫维持蜷缩的自卫姿势死掉的话，再来做菜可就难了🍴，所以我们就得趁捕来的三叶虫还没死的时候迅速地来一招"断头"，让它们被"一击毙命"。这个动作的要领是抓住三叶虫的头部和尾部，使其背部朝里，用力折弯。拟油栉虫的甲壳不硬，这个动作做起来并不难。我们在店铺里见到的拟油栉虫，基本上也都是这么宰杀的。


## 顺便也买点儿这种疑似三叶虫的生物吧

当然，光用拟油栉虫当然也是可以制作菜品的，不过这次，我也打算一并使用店铺中同样常见的球接子🍴。

球接子的大小还不到 1 厘米，一般用船拖网来捕捞。利用网眼较小的渔网，一次就能"大丰收"。

通常情况下，商场都会把球接子和拟油栉虫一起，摆放在"三叶虫"的货架上。然而近年来，学术界有不少学者却认为球接子不属于三叶虫纲，在分类上反而更接近甲壳纲。有的水产店店主知道了这种风向，就把球接子挪到了虾和螃蟹的销售区域。如果在三叶虫的货架上找不到球接子，你也不妨去那里找找看。

球接子的甲壳和拟油栉虫一样，也是由碳酸钙构成的，但却比拟油

大家应该都在水产店的货架上见过这样的三叶虫。

栉虫的甲壳还软。况且球接子本身也才不到 1 厘米大小，一只一只地剥壳实在太麻烦，所以人们一般也就连着壳一起下肚了。

**制作山药烧！**

不只拟油栉虫，所有三叶虫的虫黄（脑和肝胰脏）都是最大的可食用部位。三叶虫的内脏集中在头部，拟油栉虫等头部偏大的品种，普遍都有不少虫黄。

要取出三叶虫的虫黄，我们不能从背部，反而要从腹部下手。把三叶虫放在砧板上时，要翻过来腹部朝上。它们的头窝底壁附近有一块起保护作用的薄骨板，名叫口下板，只要剥下口下板，你就能看到其中的虫黄，此时用勺子就能盛出来了。

这次，我计划使用拟油栉虫的虫黄，搭配球接子的全身来做成一道山药烧。这是一道使用山药泥作为原料，颇具大阪烧风格的菜品。

首先，我们要将拟油栉虫虫黄和酱油、蛋黄酱、日式高汤混合做成酱汁。当然你也可以直接吃虫黄，但这么制作口味会更加温和、适口。

接下来，我们在平底锅内加入食用油，翻炒球接子。

将普通山药和大和芋山药都碾成泥，充分搅拌。补充一个知识："大和芋山药"是日本关东地区常用的叫法，在全日本更知名的叫法应该是"银杏芋山药"。我们在此处不仅使用普通山药，也加入大和芋山药（银杏芋山药），可以让山药泥的黏性更大。

最后，将炒熟的球接子与日式高汤、小葱一起拌入山药泥，做成糊状，再次倒入加了油的平底锅煎烤。

山药是可以生吃的，而且球接子也已经炒熟了，所以这一步无须把山药糊从里到外全部煎熟。在表面煎至变硬之后，适时翻面，再估算好合适的时机起锅，即可做成这道山药烧，既能保持山药的嚼劲，也能发挥球接子的喷香，简直令人无法招架。出锅后，将鲜香十足的拟油栉虫虫黄酱汁淋于其上，再配上点木鱼花和青海苔即可完成。

# 大阪烧风味球接子配拟油栉虫虫黄酱

大量使用两种三叶虫（？），
伴随着山药的嚼劲、
喷香的风味与酱汁的鲜甜大快朵颐。

"口下板"的里面有美味的虫黄。

## ◆◆ 做法 ◆◆

❶制作虫黄酱汁。将拟油栉虫翻过身来，剥下口下板（头窝底壁的一块骨板）即可取出虫黄。加入A充分搅拌。

❷制作山药烧。将普通山药和大和芋山药碾碎、搅拌。

❸在②中加入炒熟的球接子和B，充分搅拌。

❹在平底锅内加入色拉油烧热，将③倒入锅中，铺成圆形。一面烤熟后翻面，煎烤另一面。

❺盛入盘中，淋上①，并加入木鱼花、青海苔即完成。

【材料】（2—3人份）

拟油栉虫的虫黄……1只份
球接子……60g
A ┌ 酱油……1大勺
  │ 蛋黄酱……1大勺
  └ 日式高汤……1大勺
普通山药……300g
大和芋山药（银杏芋山药）……30g
B ┌ 小葱……适量
  └ 日式高汤……2大勺
色拉油……适量
木鱼花……适量
青海苔……适量

一起享受软糯可口又弹性十足的口感吧!

# 日式皮卡虫煎蛋卷

【古生物审校】城西大学大石化石陈列馆　宫田真也

　　皮卡虫是海洋中的一种原始生物,

　　也是人们熟知的一种高级"鱼类"食材。

　　这次我大胆地把它做成了煎蛋卷。

　　松软的鸡蛋配上弹牙的嚼劲,真是妙趣十足。

　　你也快来试试这种全新的口感吧!

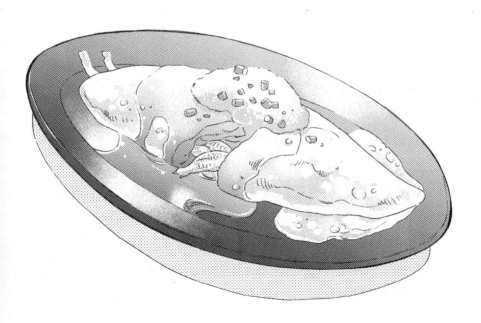

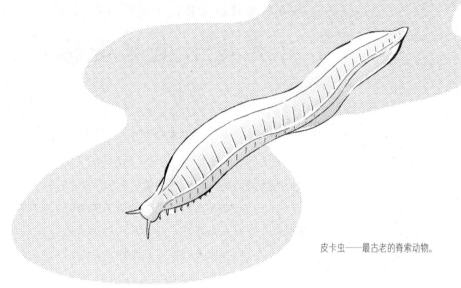

皮卡虫——最古老的脊索动物。

## 珍享食材

过去，曾有一位世界级的古生物学家向人们介绍这种鱼🗡，用的词是"我的私藏宝贝"。

不对，它根本不是鱼。

它是一种脊索动物，是比鱼类祖先还要原始的动物，最大不过巴掌大小，5.5厘米左右。和鱼类不同，它没有鳞片。别说鳞片了，它连下颚、牙齿都一概没有，虽有触觉，但没有眼睛。它全身扁平，通体透明，内部可见条状的结构。

它的名字叫皮卡虫🍴。

皮卡虫可以通过扭曲身体来游泳，靠吃海底沉积物度日。它们全身都没有明显的鳍，却能十分活跃地游来游去，偶尔甚至能游到海面附近🍴。

皮卡虫的外形酷似文昌鱼，恐怕很难引起人们的食欲吧。

可你别看它这幅样子，它们可是高级的食材🍴。在日本，想捕捞皮卡虫是需要所在县的县知事许可的🍴。在海外也一样，各国都为保护皮卡虫颁布了各种政策。

捕捞皮卡虫的方法有很多🍴。

最常用的方法是两艘船并行，利用船拖网来捕捞。先由一条渔船从船尾撒下渔网，再由两艘渔船齐头并进将渔网拖行一小时至一个半小时的时间。收网后，皮卡虫就在渔网里活蹦乱跳了。

然而，捕捞皮卡虫用的虽然是小型渔船，却也需要 10 来个人，若出海一趟能捕到自然好，可成功的概率其实并没有那么高，有时候只能一无所获地返回港口，而这又进一步抬高了皮卡虫的市场价值。

不过，捕到就是赚到。

"大丰收"的时候，渔民就会以港口城市为中心，向周围的市场供给数量可观的皮卡虫。如果你运气好，说不定在旅游的途中就能买进食材呢。

各地的餐馆、旅馆，有时候也会一边说着"今早捕到皮卡虫了喔！"一边呈上由皮卡虫做成的各色菜品。

## 日式煎蛋卷，享受口感的巨大差异

关于皮卡虫的味道，其实是众说纷纭，各家争执不下。有人说尝不出任何味道，也有人说它们口味清香甘甜。但这些好评，似乎都仅限于油炸皮卡虫的做法🍴。

将之与鸡肉、牛肉一起爆炒才是皮卡虫最佳的烹饪方法🍴。通过这种方法，鸡肉、牛肉的香气可以渗入清淡的皮卡虫当中。

但我这次想要制作的菜品却完全不是这个路数的，而是一道稍显奢侈的煎蛋卷，用到了5—7尾皮卡虫这样的高级食材。虽说奢侈，不过做法却并不复杂，完全可以在家里轻松尝试。希望那些认为皮卡虫不好吃的人可以尝试做做看。

首先，在皮卡虫身上薄薄地撒上一层盐，在平底锅内加入大量色拉油，将皮卡虫炸至酥脆。在此步骤中将皮卡虫充分煎熟便可保持其口感。

然后将打散的鸡蛋、牛奶和盐混合搅拌，过滤备用。

接下来，把黄油放入平底锅，用中火加热。此时将刚才的蛋液一口气放入锅内，用长筷子大幅搅拌，等到蛋液开始凝固时下入皮卡虫，紧接着迅速关火。

这一步骤的关键在于，要让皮卡虫轻柔地"包在"鸡蛋当中，而非"混入"鸡蛋当中。

下一步，上下折叠鸡蛋的边缘，使之向内侧靠拢。此时，你可以一边把锅倾斜过来，一边把鸡蛋往锅边上推一推，就能做出形状漂亮的煎蛋卷了。如果还有富余的鸡蛋，你也可以做成薄薄的煎蛋饼，给整道菜加上和皮卡虫相配的特殊口感应该也不错。

煎蛋饼做好后，我们来做芡汁。当然你也可以直接蘸番茄酱吃煎蛋卷，但若想品味皮卡虫细腻的滋味，我还是推荐口味清爽的日式芡汁。

在锅中加入日式高汤、酱油和味淋，煮开后倒入水淀粉勾芡。最后，把芡汁淋在煎蛋卷之上，撒上白萝卜泥和葱花即可完成。

请大家好好品尝鸡蛋的松软口感和皮卡虫的弹牙嚼劲。

皮卡虫虽然稀少，但还是偶有入手的机会。若是买到了足够的量，希望你也能尝试制作多种菜品。

# 日式皮卡虫煎蛋卷

被煎蛋卷的松软包围在内，
皮卡虫的弹性更加明显了。

【材料】（1人份）

皮卡虫……5—7 尾
盐……适量
色拉油……200ml
鸡蛋……2 个
牛奶……3 大勺
咸黄油……10g
A ├ 日式高汤……200ml
  ├ 酱油……半小勺
  └ 味淋……1 大勺
B ├ 水……1 大勺
  └ 淀粉……2 小勺
白萝卜泥……少许
葱花……少许

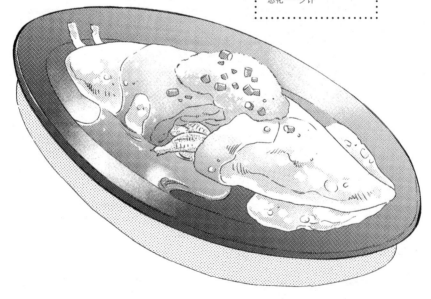

操作熟练后，也可以用"颠勺"的方式
来调整煎蛋卷的形状。

✦✦ 做法 ✦✦

❶ 将皮卡虫用少许盐腌制。在平底锅内加入少量色拉油烧热，将皮卡虫
　炸至酥脆盛出备用。

❷ 在碗中打鸡蛋，加入牛奶、1/4 小勺盐搅拌，过滤备用。

❸ 在平底锅内加热黄油，将②全部放入，用长筷子大幅搅拌，在蛋液周
　围开始凝固时下入①，迅速关火。然后将鸡蛋从边缘开始向内折使两
　端贴合，同时倾斜平底锅，调整煎蛋饼形状。

❹ 制作芡汁。在锅中加热 A，沸腾后加入溶解好的水淀粉 B 勾芡。

❺ 将③盛入盘中，淋上④。最后撒上白萝卜泥和切成适口大小的葱花即
　完成。

充分发挥板足鲎高汤的风味

# 广翅鲎番茄意大利面

【古生物审校】金泽大学国际基干教育院　田中源吾

广翅鲎属于板足鲎目，以极致的美味著称。

肉质紧实，饱腹感强，还能用甲壳熬煮鲜味四溢的高汤。

这次就让我们用广翅鲎搭配番茄的鲜甜，一起来大快朵颐吧！

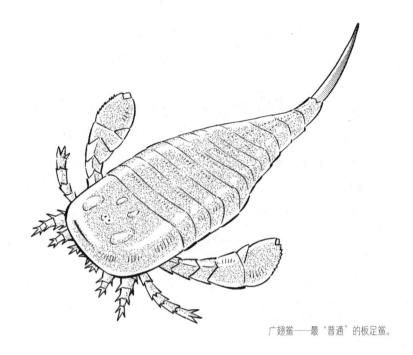

广翅鲎——最"普通"的板足鲎。

## 虽然也被俗称为"蝎子"……

我爱吃蝎子！不过，最近吃蝎子有点儿吃腻了，偶尔也想换换口味，吃点儿"类似于蝎子"的东西。

如果你也是这样的人，我推荐你尝尝广翅鲎🗲。

广翅鲎是板足鲎目的一员。板足鲎目的动物俗称海蝎，和蝎子有点儿亲缘关系，但并不属于同一个类别。深究起来，它们就像俗称的名字一般，都生活在海里🗲，这一点也和蝎子不同。

板足鲎目中共有大约250个物种🗲，在没有鱼类的海洋生态系统中，也算是十分繁盛的"家族"了✎。板足鲎目中的大多数动物都只有几十厘米，但也有体形较大的，最长的能长到好几米✎。

"海蝎"嘛，从名字推测，这类动物的长相都很像蝎子。它们的身体可分为头胸部、前腹部和后腹部几个部分，后腹部也叫尾部。有些种类的板足鲎，尾部的末端长着一把尖刀，尖锐又锋利。这个结构叫作尾剑，是板足鲎持有的"武器"之一。它们会蜷缩起柔软的尾巴发起攻击✎，因此在捕捉有尾剑的种类时一定要多加小心。

板足鲎在头胸部一共长有 6 对、12 只足✎，不同的种类，足的形状也不同。有的种类，最前面的第一对足向前伸，顶端有螯钳一样的结构✎，有的种类，好几只足上长有并排的尖刺✎，不一而足。有些能游泳的，最后面的一对足顶端膨大，形成了船桨一般的形状。

而在所有种类的板足鲎中，我最推荐的就是广翅鲎，因为它们非常容易捕获。当然，还有个非常简单而重要的原因，那就是它们也非常美味。

广翅鲎的体形大都在 20 厘米左右，大小适中，而且生性好动，喜欢在水里游来游去✎，所以肉质紧实。身长动辄好几米的板足鲎，虽然捕获一只就能获取数量可观的肉，但它们"好吃懒做"，既没嚼劲也没味道，所以还是广翅鲎在口味上更胜一筹。

没有螯钳也没有尖刺也可以说是广翅鲎的特点之一，捕捞的时候只需要小心尾剑就够了。

大多数种类的板足鲎都会在交配季节爬上海滩✎，在水中行动敏捷的广翅鲎，也只有此时才会行动迟缓了。抓住这个机会，你甚至有可能徒手抓获广翅鲎。如果害怕尾剑的话，你也可以使用手持式或者投掷式的鱼叉，瞄准前腹部或头胸部刺下去即可。尤其是前腹部，里面只有鳃，就算刺伤了，也不影响后续的烹饪。

还有一种捕获广翅鲎的方法，不过难度稍高，那就是在水下，捕捉刚刚脱壳完毕的个体。这个时候，你就得用手持式的鱼叉瞄准前腹部。刚刚脱壳的个体，外壳和身体都很柔软，便于食用，辛苦一点儿也是值得的。


## 烹制意面，让高汤的魅力发挥无遗

广翅鲎最美味的部位有两个，一是后腹部，另一个是最后面的那一对船桨一样的足。它们的味道很像大虾，清淡中带有回甘🍴。

这次，我们就利用这种食材做一道意面吧！

从分量上看，3 只广翅鲎能正好做出 1—2 人的量。

烹调时，首先要将广翅鲎的后腹部和足切下来。你可以用菜刀，不过这种活儿干多了之后，只要在关节处用力，徒手就能把这些部位扭下来。扭下来后，用刀切成大块。

然后往平底锅内倒橄榄油，加入大蒜和辣椒翻炒。辣椒建议加入两根，可根据个人口味调整。

在大蒜炒至金黄色时加入广翅鲎的后腹和后腿肉，稍稍按压一下甲壳，炒 2—3 分钟，然后倒入白葡萄酒并煮沸，最后加入事先切成小块的番茄和水，大火煮 10 分钟。经过熬煮，广翅鲎的甲壳在高汤中释放出了精华，配上番茄的鲜甜，美味在锅中浓缩着。

熬煮高汤的同时，我们可以按包装袋上规定的时间把意面煮熟备用。

最后，将欧芹和煮熟的意面加入广翅鲎高汤的锅中，充分搅拌。必要时，还可以再加一些煮面的面汤。

搅拌均匀后，盛出到盘中即完成。

如果还能买到更小的广翅鲎，你也可以清炸几只，摆在意面上当陪衬。拍照效果绝对满分。

普通的广翅鲎已经很好吃了，但若能
买到刚刚脱壳，身体柔软的广翅鲎，
那可就太幸运了。

# 广翅鲎番茄意大利面

番茄的鲜甜，配合辣椒的刺激，
再加上广翅鲎熬煮而成的高汤，无懈可击。
若能再辅以清炸小广翅鲎，
更是一场视觉盛宴。

## ◆◆ 做法 ◆◆

❶切下广翅鲎的足和后半身，洗净，带壳切成块状备用。

❷在平底锅内倒入橄榄油，加入大蒜、辣椒后翻炒。大蒜炒至金黄时加入①，一边轻轻按压广翅鲎的的外壳一边翻炒，炒 2—3 分钟。

❸加入白葡萄酒后煮沸，最后加入番茄和水，改用中火煮 10 分钟。

❹按规定时间煮熟意面。

❺在③中加入④和欧芹，充分搅拌、混合。

❻盛入餐盘，撒上撕碎的罗勒叶即完成。

【材料】(1—2 人份)

广翅鲎……3 只
橄榄油……4 大勺
大蒜（切薄片）……2 瓣
辣椒（切成圆片）……2 根
白葡萄酒……30ml
番茄（切碎）……1 个
水……10ml
意大利面……150g
欧芹（切碎）……1 大勺
盐……少许
胡椒……少许
罗勒叶（新鲜）……2 片

在炒制广翅鲎时按压外壳，会比较容易炒熟。

嚼劲十足的甲胄鱼搭配爽脆怡口的蔬菜

# 特辣辣酱爆炒沟鳞鱼

【古生物审校】城西大学大石化石陈列馆　宫田真也

人们都说，最适合新手垂钓的甲胄鱼类就是沟鳞鱼。

它们的外表粗糙，肉质却是意想不到地软糯。

现在我就来为你们介绍一道操作简便，却能发挥其口感的美味。

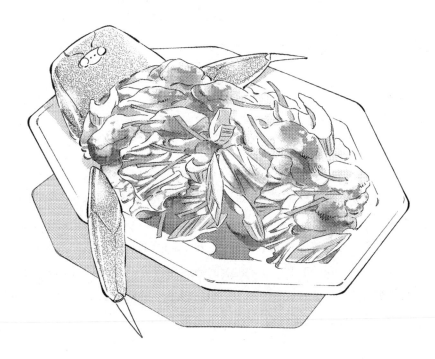

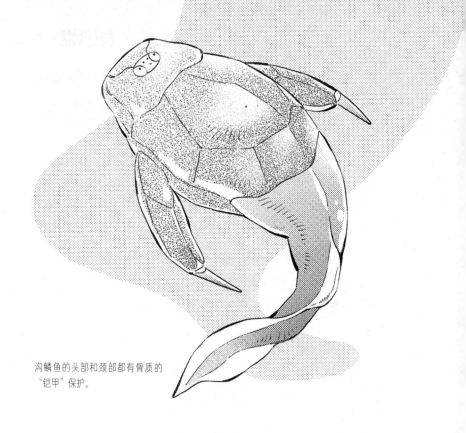

沟鳞鱼的头部和颈部都有骨质的"铠甲"保护。

### 享受甲胄鱼的美味吧!

有一类鱼被称为甲胄鱼。顾名思义,它们的身上长有和武将的甲胄一样的骨质"铠甲"。但要注意的是,"甲胄鱼"并不是一个学术上的明确分类,许多不同类别的鱼类都被划入这一类别当中。

甲胄鱼类有一个代表,就是盾皮鱼纲✎。

在许多情况下，说起甲胄鱼，人们指的就是盾皮鱼，而说起盾皮鱼，指的也就是甲胄鱼。世界各地的甲胄鱼爱好者，也常常以盾皮鱼为目标开展垂钓活动，最近也总有人在社交网络上发布自己的"战利品"。你们或许就在网上看过这样的帖子，又或许，你们自己就是甲胄鱼垂钓的爱好者呢。

盾皮鱼下面也有不少种类，这次我们就来介绍一下垂钓时频频上钩，为人熟知的沟鳞鱼🖊，用它们来做一道美味吧！

有一些盾皮鱼生性凶猛，会攻击人🖊，但沟鳞鱼却十分温厚，再加上沟鳞鱼数量众多，分布广泛🖊，因此十分受新手钓客的青睐。

沟鳞鱼成熟后，全长可达 50 厘米左右，头部和身体前部能长出骨质的"铠甲"，这么一来，它们的两只眼睛就好像一对"斗鸡眼"，外表十分奇特。不过，沟鳞鱼最大的特点在于胸鳍。它们的胸鳍内长有关节，就像两只胳膊一样从身体两侧伸出，而且顶端细长，因此也有传闻说它们可以利用胸鳍在地上行走🖊。

不过，虽然有此传言，但我在采访的过程中，并没有遇上真的见过沟鳞鱼在地上行走的钓客。实际上，虽然沟鳞鱼的胸鳍在水平方向上能展开 70 度左右，但垂直方向的运动幅度却连 20 度都不到🖊，别说走路了，可能连爬动都费劲。"地上行走"恐怕只是个传说罢了。

沟鳞鱼分类下的物种估测超过 100 种，每种沟鳞鱼，其"铠甲"的形状都不尽相同，有的躯干上长有骨质的"背鳍"，有的全长能超过 1 米🖊。而且，在水流较弱的地方，沟鳞鱼的鱼苗有时还会聚在一起游来游去🖊，好像一所幼儿园一样。

沟鳞鱼的口位于头部的腹侧，食物是河底富含有机物的淤泥。垂钓时，直接使用钓饵即可。如果钓上鱼苗请放生，我们的目标应该是成鱼，况且钓上成鱼也并不困难。

## 利用发挥其肉质弹性的方法进行烹调

沟鳞鱼"铠甲"的内部只有内脏，不能吃🔪，能吃的部分只有尾部。沟鳞鱼尾部的肉有种独特的弹性，口感酷似鲨鱼肉🔪。

在烹调时，我们可以从沟鳞鱼甲片和尾部的交界处下刀，切下来的头部、躯干的甲片，以及胸鳍，清洗干净之后也是不错的装饰。应该有不少人在盾皮鱼爱好者的家里或海鲜店的门口见过这种饰品吧？装饰在菜品上也不错呀。

沟鳞鱼能吃的部分虽然很有限，
但甲片可以当作饰品。

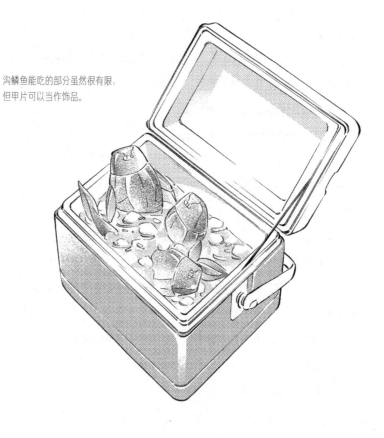

这一次，我准备的菜品使用了辣酱调味，和沟鳞鱼本身的清淡风味十分相配。

首先，将切下来的尾部剥去外皮，取出内脏不用。沟鳞鱼的内脏基本不在尾部，但为了谨慎起见，还是要检查一下，若有长进尾部的内脏就去掉。若你不在意，也可以省略此步骤。剥皮完成后，将鱼肉清洗干净，切成块状备用。

接下来处理蔬菜。

将圆白菜切成块状，将芹菜斜刀切成片，胡萝卜切丝。这些蔬菜在炒熟之后依然可以保持爽脆的口感。

材料准备完毕后，将切成大块的沟鳞鱼肉放入锅中爆炒，然后加入蔬菜，继续炒熟。

用酒将豆瓣酱、日式味增和白砂糖化开，也加入锅内。一般来说，一条一般大小（全长50厘米）的沟鳞鱼，加入半勺豆瓣酱比较合适，如果你"无辣不欢"，也可以多加一些，按自己的口味适度调整。

在翻炒时，一定要让全部调料都均匀裹在鱼肉块的表面。

炒熟之后盛入盘中，即可完成。

我推荐大家用蔬菜搭配沟鳞鱼块大口享用。蔬菜的爽脆口感，配上沟鳞鱼的弹力十足，最适合细细咀嚼品味。

# 特辣辣酱爆炒沟鳞鱼

弹力十足的盾皮鱼肉，
搭配爽脆怡口的蔬菜，
值得细细品味。

【材料】（3—4 人份）

沟鳞鱼……1 条
圆白菜……1/8 个
芹菜……1 根
胡萝卜……1/4 根
色拉油……适量
　　┌ 豆瓣酱……1/2 大勺
A ┤ 日式味噌……2 大勺
　　└ 白砂糖……1 大勺
白酒……2 大勺
大蒜（磨成泥）……1 瓣

做菜时，我们只用沟鳞鱼的后半身（尾部）。身体前部的甲片和胸鳍可以清洗一下作为装饰。

## ◆◆ 做法 ◆◆

❶ 在沟鳞鱼的甲片和尾部的交界处下刀，切断。将尾部去皮，取出内脏，用水洗净，切成肉块。

❷ 将圆白菜切成块状，将芹菜斜刀切成片，胡萝卜切丝。

❸ 在平底锅中加入色拉油加热，加入①爆炒。炒熟后加入②继续翻炒。

❹ 将 A 用酒化开，连同大蒜一起放入锅中翻炒。随即盛入盘中即完成。可按喜好摆上沟鳞鱼的甲片和胸鳍作为装饰。

采用美食家最爱的烹调方法来享用大型两栖动物

# 笠头螈蔬菜火锅

【古生物审校】冈山理科大学　林昭次

刚刚捕获了一只脑袋好像回力镖的珍奇动物！

先冷静一下，你可能……

手里正端着美食家北大路鲁山人最爱的美味呢。

头部形状别具一格的两栖动物——笠头螈。

## 脑袋形似回力镖的两栖动物

说到两栖动物，一般人第一个想到的可能就是青蛙，或者蝾螈、蚓螈之类的动物。青蛙属于无尾目，蝾螈属于有尾目，而蚓螈则属于蚓螈目（又称无足目），这些分类统一都属于两栖纲滑体亚纲。

除此以外，两栖纲中还有其他的几个类别，每个类别中也各有多种多样的动物。

笠头螈就是不属于滑体亚纲的两栖动物中的一种。

047

笠头螈最大的特征就是扁平、宽阔、形似回力镖的大脑袋，从左到右的宽度可达 40 厘米。相比之下，它们的嘴能算是"樱桃小口"了，两只眼睛长在嘴的两边。

　　除了脑袋以外，笠头螈的胸部也是扁平得很，看上去就像一只被压扁了的枕头。细小的四肢从身体周围伸出，但尾巴却又长又发达，成熟后全长大约 1 米。

　　从小湖泊到浅海，各种环境都是笠头螈的栖息地。其中，最适合捕捉的地点就是水流湍急的河道。在水流平缓的河流中虽然也有笠头螈生活，但若它们藏进泥沙，就不易发现了。

　　捕捉笠头螈时，人们会事先把搬运金枪鱼等鱼类用的担架沉到河底，然后把笠头螈往担架的方向驱赶，一旦猎物爬到担架上，就一口气把担架抬起来。这可是要好几个大人一起行动的体力活。

　　用这种方法捕获笠头螈后，我们首先要检查它们头部的外形。如果左右的宽度达不到标准，"回力镖"尚未完全成形，就证明这批猎物还是幼体或尚未成熟，不适宜捕捉。毕竟，如果是为了食用，最好还是捕杀成体。

　　如果确定是成体的笠头螈，人们就会在现场立即宰杀。屠宰使用的工具不是菜刀，而是木棒。屠宰时，人们会用木棒照着笠头螈的头部来一记重击。有时候，笠头螈会在临死前发出一声惨叫，听得人十分揪心，但捕猎的目的本身就是食用，所以也没有办法。


接近连美食家都赞不绝口的味道？


　　有一位在大正和昭和年间十分活跃的美食家名叫北大路鲁山人。曾有人问过他"珍奇少见的食材中哪种最为美味？"他的回答是大鲵✎。鲁山人口中的大鲵，应当指的是日本大鲵✎。

北大路鲁山人的弟子平野雅章为其编纂了一部著作《鲁山人味道》。书中记载，日本大鲵"在剖开腹部后，一下子散发出了一股花椒的香气，腹内出乎意料地十分干净，肉质也非常鲜美……大鲵的肉就像祛除了腥臭的甲鱼肉一样，具有淡淡的香味"。书中还有"日本大鲵既珍奇又美味"这样的形容，把他对两栖动物的爱描绘得淋漓尽致。

然而就连这么爱吃两栖动物的鲁山人也没尝过笠头螈的味道✎。不过也有可能是尝过了但没留下记录吧。

笠头螈和日本大鲵同属于大型淡水两栖动物，味道也十分相似。硬要比较的话，大概也就只有笠头螈身上没有花椒味这么点儿区别吧✎。

那么这次，我们就参考鲁山人吃大鲵的方法来尝试烹调笠头螈吧。

首先，我们要切下笠头螈的头，取出内脏，然后用盐搓洗，再连皮带肉把身体切成肉块。1千克的肉，大概可以供3—4人饱餐一顿。

接下来，在陶锅内倒入水和酒，放入生姜、大葱和笠头螈肉，文火炖煮。开锅后不久，笠头螈肉就会慢慢变硬✎，此时我们需要一边补加清水和酒，一边继续保持锅内沸腾，继续炖煮，肉就会逐渐软化下来。这一步预计要花掉4—5个小时，所以一定要耐心。

肉质变软后，取出锅内的生姜和大葱，放入提前烤制过备用的葱段，再煮片刻。

如此做出的菜品，应当就和昔日鲁山人吃到的日本大鲵相比有过之而无不及了。笠头螈的肉皮软烂弹牙，肉身在清淡之中又不失香醇，令人印象深刻。

这里需要注意的是，不要把如此的美味一口气全部吃光。把这道菜"沉淀"一晚，第二天再次品尝，可以发现肉和汤汁的味道"更上一层楼"🍴，请一定做来尝尝。

只用成体笠头螈作为食材，其特征就是宽阔的头部。

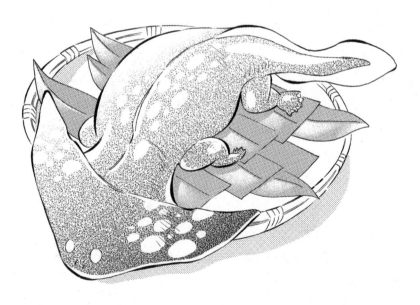

# 笠头螈蔬菜火锅

参考了昭和时代的美食家遗留的记录。
如果你喜欢，
可以把笠头螈的头骨也放进锅中，
既可以熬出高汤，
也增加了视觉上的乐趣，可谓一举两得。

孤零零……

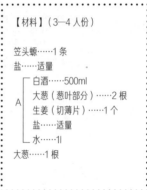

【材料】（3—4人份）

笠头螉……1条
盐……适量

A ┌ 白酒……500ml
  │ 大葱（葱叶部分）……2 根
  │ 生姜（切薄片）……1 个
  │ 盐……适量
  └ 水……1l
大葱……1 根

火锅煮好后，静置一晚会变得更加好吃。请试试看。

◆◆ 做法 ◆◆

❶切下笠头螉的头部，取出内脏。将其身体内侧用盐搓
洗，用水洗净。再连皮带肉把身体切成肉块。

❷在陶锅内加入 A 和①，文火炖煮 4—5 小时。炖煮途
中若锅内的水烧干，需补加清水和白酒（不计入上述
材料的量）。

❸大葱切成 5 厘米左右的葱段，用铁网烤制。

❹把②的陶锅内的大葱和生姜取出，加入③再煮片刻即
完成。

趁热尽享"谜一样"的神秘鲨鱼

# 中国风挂卤旋齿鲨鱼块 &
# 酱炖鱼肝

【古生物审校】城西大学大石化石陈列馆　宫田真也

旋齿鲨在过去是谜一样的神秘生物，
而如今却因口味清香的鱼肉和香气浓郁的肝脏而驰名。
咱们就利用这种鲨鱼做一道适合冷天享用的菜品吧！
淋在鱼肉之上的温热卤汁，配上满口浓香的酱炖鱼肝，
保准让你还想再来一杯热酒。

旋齿鲨的牙齿非常奇特。

## 牙齿奇特的软骨鱼类

软骨鱼类,顾名思义,就是拥有软骨的鱼类,包括鲨鱼、鳐鱼所属的板鳃亚纲,以及银鲛所属的全头亚纲。

旋齿鲨就属于其中的全头亚纲。

旋齿鲨🔱全长 3 米,具有特征鲜明的下颌。大多数动物的牙齿在口腔中都是呈"U"字形排列的,人类也一样,但旋齿鲨不同,它们的牙齿是从口腔中央,从前往后呈一条直线排列的。而且它们的牙齿还不等高,而且越靠近口腔前部和后部的牙齿越低短,越靠近中部的牙齿越长。

至于牙齿的生长方向，则是口腔前部的牙齿朝前倾，往里一点儿的牙齿朝正上方，最里面的牙齿往喉咙的方向倾倒。

这种牙齿的排列方式太神奇了。

然而，对旋齿鲨的下颌进行解剖后，人们的疑惑反而更深了。

在口腔没有露在外面的部分，也就是下颌的内部，牙齿是呈螺旋状排列的，越靠近中心，牙齿就越小。

过去，人们很少有机会捕获旋齿鲨。那个年代人们只发现过它们螺旋状的牙齿，因此对这种动物本身也产生了各种各样的联想🔪。有人说这不是牙齿，而是背鳍的一部分，也有人说这东西属于尾鳍，还有人说这是上颌的尖端突起，直接裸露在外。各种说法，不一而足。

不过，由于现在人们见到了它们准确的解剖学结构，这些奇特的想象便全都消失了。

然而，为什么旋齿鲨会长出这样的牙齿呢？这个问题直到现在人们都还没搞清楚。不过至少，靠这样的牙齿，它们吃菊石之类的食物时似乎确实更方便了🔪。

猎捕旋齿鲨时，人们一般会用延绳钓鱼法🔪，利用切块的乌贼肉当饵料。每到繁殖季节，旋齿鲨就会游上浅滩🔪，人们利用的就是这个时机。有时候，利用底曳网也能抓获旋齿鲨🔪，但这样的概率极低。

日本国内了解旋齿鲨的人不多，但在别的国家，它们可是用来香煎或炙烤的美味，很受人们欢迎🔪。


### 在味道清淡的鱼肉上淋上热热的卤汁

旋齿鲨的鱼肉在新鲜时据说很适合做成刺身或寿司，但生鲜的鱼肉保持美味的时间极短，所以它们为人熟知的吃法都不是生食的🍴。日本有些地区会把它们当成制作鱼肉棒的原料🍴，不过吃法也不固定。况且旋齿鲨鱼肉苍白无味，这也是它们在日本流行不起来的原因之一。

不过，一种食材是否好吃，也要看烹饪的方法。

想想看，在天寒地冻之时，合时宜地来上一盘挂卤鱼块怎么样？

首先，我们将旋齿鲨鱼肉切块，撒上盐和胡椒，腌制 5 分钟左右入味。

然后在锅内倒入芝麻油，煎鱼块直到鱼皮酥脆，鱼肉也要煎至金黄色后捞出。

接下来，准备卤汁。在平底锅里加点儿芝麻油，加入切好的洋葱片和胡萝卜丝翻炒。

翻炒 6 分钟后，再加入切成 3 厘米宽的白菜和小油菜，继续翻炒。

最后将鸡骨汤、酱油、白酒、白砂糖和蚝油加入锅内，煮至沸腾。沸腾后加入水淀粉勾芡，卤汁即可完成。

把卤汁淋到刚刚煎熟的旋齿鲨鱼块上吧！

煎至香酥的鱼肉吸饱了卤汁的味道，无须多言，必定是令人放松的味道。


## 浓香的鱼肝最适合下酒

和鱼身上的肉不同，旋齿鲨的肝脏具有馥郁的香味。我们就利用这股浓厚的味道，做成一道适合下酒的小菜吧！

首先，我们要去除鱼肝上的血管与薄皮。

在碗中倒入白酒、清水和盐，将鱼肝放入，浸泡 30 分钟。这样一来，肝脏独有的腥味就被去除了。

浸泡完成后，用厨房纸巾擦干水分，再用锡纸包好，以防形状散乱，接着放入蒸锅，蒸 30 分钟。

　　鱼肝蒸熟后放凉，切成 1 厘米宽的块状。此时如果鱼肝还有余热就比较难切了，所以要将其完全冷却后再下刀。

　　切好后，将旋齿鲨鱼肝、酱油、白酒、味淋、清水、生姜和佃煮花椒一起放入锅内，炖 20 分钟，这道酱炖鱼肝就完成了。酱炖鱼肝和热过的白酒十分相配，在冷天喝酒时来上一盘吧！

味道清淡的旋齿鲨鱼肉（左）和
香气浓郁的鱼肝（右）。

# 中国风挂卤旋齿鲨鱼块

由于鱼肉清淡无味，
不如在煎至酥脆后淋上满满的蔬菜卤汁。

【材料】（3—4 人份）

旋齿鲨鱼肉……300g
盐、胡椒……少许
芝麻油……适量
洋葱……1/2 个
胡萝卜……1/2 根
白菜叶……4 片
小油菜……1/2 把

A
- 鸡骨汤……300ml
- 酱油……2 大勺
- 白酒……2 大勺
- 白砂糖……2 小勺
- 蚝油……1 大勺

B
- 水……适量
- 淀粉……适量

◆◆ 做法 ◆◆

❶在旋齿鲨鱼肉块表面涂满盐和胡椒，腌制 5 分钟入味。

❷在平底锅内倒入芝麻油预热，从鱼皮开始煎炸①。鱼皮酥脆后翻面，
　煎至金黄色后盛出。

❸将洋葱切成薄片，胡萝卜切丝，白菜叶和小油菜切成 3 厘米宽。

❹在②的平底锅内加入足量的芝麻油，放入洋葱和胡萝卜翻炒 6 分钟。
　蔬菜变软后加入白菜叶和小油菜继续翻炒。接下来加入 A 煮沸，最后
　加 B 水淀粉勾芡。

❺将②的煎鱼肉块盛盘，淋上④即完成。

# 酱炖旋齿鲨鱼肝

先用白酒和盐去除鱼肝的腥气。
刚蒸熟时不好切，
别忘了等待晾凉。

【材料】（3—4人份）

旋齿鲨鱼肝……300g

A
- 白酒……250ml
- 水……250ml
- 盐……10g

B
- 酱油……50ml
- 白酒……50ml
- 味淋……50ml
- 水……300ml
- 白砂糖……2 大勺
- 生姜（切片）……2—3 片
- 佃煮花椒……1 小勺

旋齿鲨形状奇特的牙齿，在某些地区也
会被当成贵重的装饰品。

◆◆ 做法 ◆◆

❶ 去除旋齿鲨鱼肝上的血管和薄皮。

❷ 在大碗中将 A 混合，常温腌制①。30 分钟后将鱼肝取出，用厨房纸中
擦去表面水分。

❸ 将②用锡纸包好，用手捏成棒状，最后将锡纸两端扭紧。

❹ 用竹签等工具在锡纸表面戳几个洞，放入蒸锅蒸 30 分钟。

❺ 将④彻底静置晾凉，切成 1 厘米宽的块状，和 B 一起放入锅内大火煮沸。
煮沸后改用小火，炖煮 20 分钟后即完成。

店家推荐

超人气

抗豫不决
时的首选

葬火龙麻婆豆腐煎饺

烟熏伶盗龙腿肉 &
脆皮香草烤翅中

尖角龙牛蒡卷 & 芦笋炒颈肉

炙烤绘龙舌 & 骨肉炖萝卜汤

亚冠龙烤肉

中生代 篇

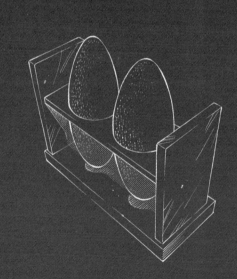

## 超人气

日式盐曲炸秀尼鱼龙龙肉块

油焗中国似鸟龙龙胗

薄板龙颈肉汤

蒲烧潘诺尼亚龙

黄油焗四角菊石

## 产地直送

意式平盘菊石普切塔

红酒香炖黄昏鸟

酱腌巨大恐龙蛋 &
蛋白霜饼干

恐龙蛋云朵荷包蛋

将巨大的鱼龙肉做成香喷喷的炸肉块

# 日式盐曲炸秀尼鱼龙肉块

【古生物审校】冈山理科大学　林昭次

最近几十年来，以秀尼鱼龙为代表的鱼龙类动物广受瞩目，

人们把它们当作鲸鱼肉的替代。

秀尼鱼龙肉最经典的做法，当属日式炸肉块。

为了追求醇厚、柔软的口感，我这次特地加上了盐焗的手艺。

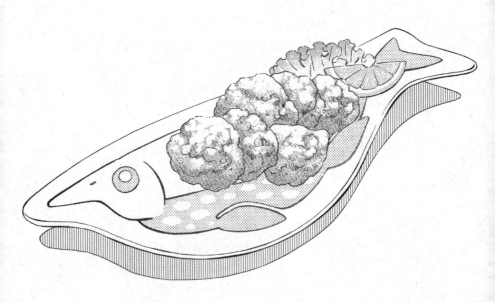

巨大的鱼龙——秀尼鱼龙。

## 巨大的鱼龙

进入 21 世纪以来，捕鲸业在全世界都激起了巨大争议。2018 年，日本退出国际捕鲸委员会，从翌年重新开始了商业捕鲸。

过去，世界上许多国家都捕杀过鲸鱼，但做法不尽相同。比如欧美国家只想要鲸油，却不怎么吃鲸鱼肉，而日本则一直以来都保持着"物尽其用"的传统。

正因为有着这样的文化差异，从 20 世纪 80 年代开始，各国针对商业捕鲸的行为产生了对立的意见。全世界的流行趋势是禁止商业捕鲸，80 年代末，连日本自己都禁止了商业捕鲸的行为。

在这种背景下，从 20 世纪 90 年代开始，"捕龙"备受瞩目起来。日本退出国际捕鲸委员会后，捕龙活动会有什么样的变化呢？这一点还需要我们在今后持续关注。

所谓捕龙，就是捕杀鱼龙目的动物，尤其是赫赫有名的大型鱼龙目动物秀尼鱼龙🔖。

鱼龙目本是爬行动物之中的一个类群，因为名字里有个"龙"字，所以常被别人和恐龙混为一谈。实际上，鱼龙和恐龙是完全不同的动物类别，和恐龙相比，它们和乌龟的亲缘关系反而更近一些。

鱼龙目的成员各式各样，体形大小不一，其中，秀尼鱼龙的身体全长可达 21 米。拿鲸类来对比一下，它们的体形比座头鲸还大，和长须鲸相差无几。

秀尼鱼龙的外表就像一只放大版的海豚。小时候的秀尼鱼龙有牙齿，但长大后牙齿会消失，改用把猎物吸入口中的方式来进食。同时，它们属于远洋性动物，会游遍全世界的各片海洋🔖。

以秀尼鱼龙为目标的捕龙业古已有之，只不过随着商业捕鲸的禁止，近年来重新受到了人们的关注。只不过，关注这一行业的仅限于保持着"物尽其用"传统的部分国家，过去为了鲸油而捕鲸的其他国家则对鱼龙兴味索然，毕竟从它们身上提取不出鲸油或类似的产物。

日本的捕龙作业，至今依然沿用着江户时代的一种名为网捕式的捕鲸方法。

网捕式捕鱼法是在发现大型鲸鱼、鱼龙等猎物后，首先投下渔网，在渔网限制猎物行动之后，再向猎物投刺鱼叉的方法。

不管是用于捕龙还是捕鲸，网捕式捕鱼法都让猎物很难逃脱，而且，使用渔网，也可防止猎物在被捕获后沉入海底。

## 日式炸肉块的做法是首选

在历史上，秀尼鱼龙和鲸鱼一样为人关注，在"物尽其用"的文化传统影响下，人们通常也会吃遍它们全身的肉。

在大街小巷的餐馆中常常见到的秀尼鱼龙的食用部位 包括舌头、尾巴、下巴肉（即包覆下颌骨的肌肉）、小肠、心脏、鱼皮（脂肪含量丰富的皮）、尾鳍等，做成生鱼片、熏肉或瘦肉块的形式也很常见。

当然，秀尼鱼龙不管什么部位都很美味。

不过这次，我们就用秀尼鱼龙的瘦肉，来做一道经典的日式炸肉块吧。

秀尼鱼龙的瘦肉富含铁元素，颜色暗红 。首先，我们先将瘦肉切成 30 克左右的肉块。

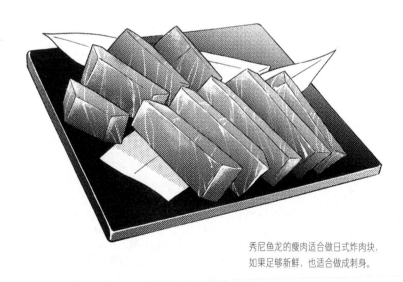

秀尼鱼龙的瘦肉适合做日式炸肉块，
如果足够新鲜，也适合做成刺身。

将肉块放入提前准备好的大碗中，然后加入盐曲、酱油、蒜蓉和姜末，最后把芝麻油倒入碗中，充分搅拌，静置 20 分钟。

加入盐曲调味，不仅能为肉增添醇厚的风味，还能让做熟后容易柴的肉质变得柔软。

在腌肉的空当，我们可以在锅中倒入足量红花籽油并加热，让油温提高到 170—175℃。用色拉油来代替红花籽油也可以，但用红花籽油炸出的成品口感更酥脆，所以我比较推荐。

油温够高之后，将秀尼鱼龙肉裹上淀粉，入油锅炸。

先炸 1 分半钟，然后取出，冷却 3 分半，再炸 40 秒左右。经过这样两次油炸，就能实现"外皮酥脆、内里多汁"的口感。

这样就完成这道必吃餐点啦，保证美味。

如果能买到鱼龙类的肉，推荐大家一定要这样做试试看。

# 日式盐曲炸秀尼鱼龙肉块

说起鱼龙类，最适合的做法还是日式炸肉块！
添加盐曲即可为成品增添醇厚的风味。
油炸时也建议使用红花籽油来代替色拉油。

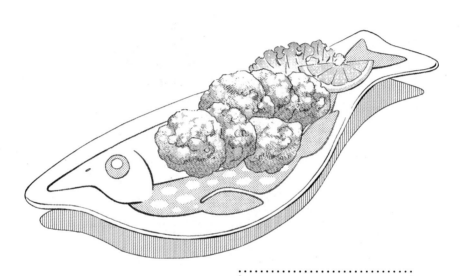

【材料】（3—4人份）

秀尼鱼龙瘦肉……300g

A
┌ 盐曲……3大勺
│ 酱油……1大勺
│ 味淋……1大勺
│ 大蒜（磨成泥）……1瓣
│ 生姜（切成末）……1片
└ 芝麻油……1大勺

淀粉……适量
红花籽油……适量
生菜叶……几片
柠檬……适量

用手揉搓盐曲等各种调味料，
使味道融入肉中。

◆◆ 做法 ◆◆

❶将秀尼鱼龙的瘦肉切成 30 克左右的肉块。

❷将①盛入碗中，加入 A 揉搓，静置 20 分钟左右，裹上淀粉。

❸在锅内倒入大量红花籽油并预热，油温至 170—175℃后下入②，炸 1 分半，

　　然后取出冷却 3 分半至 4 分钟后，再次下锅炸 40 秒左右。

❹在盘中摆放生菜叶，盛放③，佐以切成月牙状的柠檬即完成。

鸵鸟型恐龙的内脏料理

# 油焗中国似鸟龙龙胗

【古生物审校】北海道大学研究生院　高崎龙司

和鸟类形似的恐龙数量很多。如果你爱吃鸡胗，
那我也推荐你尝尝恐龙的龙胗。
以美味的龙胗出名的恐龙，我要首推中国似鸟龙。
配上橄榄油和大蒜，尽情享受爽脆的口感吧！

鸵鸟型恐龙之一——中国似鸟龙。

## 恐龙的内脏

我们在餐桌上常见的恐龙肉，大都是当成家畜饲养的恐龙🔦，如今，一般家庭也能尝到各式各样的恐龙肉菜品了。

但是大家吃过恐龙的内脏吗？

其实在超市一般都能买到恐龙的内脏，但我没想到，没吃过的人竟然这么多。

那今天，我就来给大家介绍一种轻易就能买到的恐龙内脏，并用它来做一道菜吧！

最适合初尝食客的就要数中国似鸟龙🔦了。

中国似鸟龙全身长2.5米，是一种双足行走的恐龙，特征是头部娇小、颈部颀长、后肢也很长，从外表上看很像鸵鸟。中国似鸟龙属于似鸟龙科，这类恐龙都叫鸵鸟型恐龙，而且它们还和鸵鸟一样，奔跑速度极快🍴。

中国似鸟龙的内脏容易买到，纯粹是因为它们易于饲养。

中国似鸟龙属于似鸟龙科，而似鸟龙科又隶属于更大的分类——兽脚亚目。所有肉食恐龙都属于兽脚亚目，其中，尤以暴龙🍴为代表。

但要注意，兽脚亚目分类下的恐龙却不都是肉食恐龙。这次我们提到的中国似鸟龙就是素食性的，因此可以安全饲养。饲养中国似鸟龙时，人们多用养鸡时使用的精饲料🍴。

同时，中国似鸟龙习惯由不同年龄的个体组成群体生活，具有一定的社会性。这样的动物要比没有社会性的动物更适合饲养。

当然，由于这类恐龙喜欢奔跑，所以牧场必须开阔。只要能确保有足够的土地，饲养起来就没什么难度了，这也正是这类恐龙的优势。

中国似鸟龙能够出售的部位不只内脏，肉自不必说，连蛋都会被摆上货架。它们的肉和蛋也同样美味，将来有机会我可以再来总结，但说实话，若你问我这些算是"中国似鸟龙独有的美味"吗？我也不知道……关于恐龙肉和恐龙蛋，本书在124—157页，以及110—123页上分别针对适合的食材和做法进行了介绍，请你参考。

而在中国似鸟龙所有内脏中，最容易购得，也最容易烹饪的，就是龙胗了。


## 搭配法式面包或意大利面

龙胗是恐龙的一个胃，口感爽脆，没有异味，很容易入口。龙胗的特点在于脂肪含量低，富含蛋白质，还有丰富的铁、锌、铜等元素，适合有贫血症状的人。

龙胗是素食性恐龙具有的消化器官（鸟类也有）。它们会吞下小石子或沙砾，调动胃部运动来磨碎植物。中国似鸟龙也靠吞吃小石子生活，因此也有龙胗。体形越大的动物，胃自然也就越大，虽然也会因成熟的程度而异，但总体来说中国似鸟龙的龙胗也有鸡胗的几倍大，所以还算是一种超值的食材。

这次，我们就来做一道南欧风味的龙胗吧！

如果你喜欢软糯的口感，可以选用幼年个体的龙胗，如果更想品味其中明显的嚼劲，可以选用成熟个体的龙胗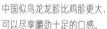。

从超市买到的中国似鸟龙龙胗，有时候表面会附着白色的筋膜，这是用来牵动龙胗运动的肌腱，又硬又难咬，需要提前去除。表皮呈现银色的部分也很硬，也要用菜刀切掉。不过这一部分在经过炖煮后能够适

中国似鸟龙龙胗比鸡胗更大，可以尽享嚼劲十足的口感。

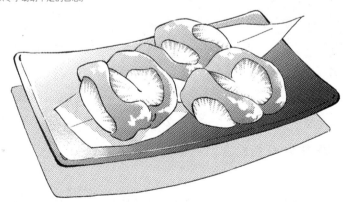

当变软，因此偏爱嚼劲的人也可以予以保留。

处理好龙胗后，将其放入一个大碗，加入盐、胡椒揉搓均匀，静置10分钟。

使用纸巾擦去表面水分，然后将其切成适口大小的肉块，再在每块肉块上切几刀深深的切口。

然后将大蒜碾成泥，朝天椒切成小段，香叶切成细末。

最后，在煎锅内倒入橄榄油，加入龙胗、蒜蓉、朝天椒、香叶，中火炒制。在烹调时要注意经常搅拌，让整体均匀受热。龙胗熟透后，这道菜就做完了。

龙胗自不必说，溶解了食材清香的油也可谓一绝，不妨用法式面包蘸着吃，若再有剩余，拿来拌意大利面也很不错！

# 油焗中国似乌龙龙胗

龙胗嚼劲十足，十分美味。
如果你喜欢软糯，可选用幼年个体的龙胗，
如果喜欢嚼劲，
可选用成熟个体的龙胗。

【材料】（2人份）

中国似乌龙龙胗……200g
盐……1小勺
胡椒……少许
大蒜……1瓣
朝天椒……1根
香叶……1片
橄榄油……半杯

虽然和鸡胗一样都叫"胗"，但龙胗更大。白色的筋膜难以下咽，要仔细去除。

◆◆ 做法 ◆◆

❶ 去除中国似鸟龙龙胗的白色部分（肌腱），也可按个人喜好去除银色的表皮。随后将其放入大碗，加盐和胡椒抓匀，静置10分钟后擦去水分。然后切成适口大小的肉块，再在肉块上切出5毫米宽的深切口。

❷ 将大蒜碾成泥，朝天椒切成小段，香叶切成细末。

❸ 在锅内倒入橄榄油，加入①和②，中火炒制，同时经常搅拌。龙胗熟透即完成。

将长长的脖子炖煮得软嫩可口

# 薄板龙颈肉汤

【古生物审校】冈山理科大学　林昭次

蛇颈龙目的动物属于海洋爬行动物，在日本也是尽人皆知。
薄板龙是蛇颈龙目动物的代表，其特征就是长长的脖子。
这次我们就用其颈部的肉，来做一道味道鲜美的汤吧！

薄板龙属于脖子很长的蛇颈
龙目。

## 脖子很长的海洋爬行动物

我们一起出海，去猎捕蛇颈龙吧！

出海之前，请你先准备好巨大的圆筒形渔笼，只要够结实，什么材料的圆筒都行，不过绳编的或者锁链编成的更易于携带。

筒深要有 12 米左右，如果你只想捕捉年幼一些的个体，稍微浅一点也没关系。筒口的直径需要有 5 米，越往下越收紧，到尖端时直径需在 50 厘米左右。

圆筒形渔笼需要能悬挂饵料，饵料一般准备章鱼或乌贼即可，鱼肉块说不定也不错。

把这些都做好，准备工作就完毕了🔧。

蛇颈龙目是海洋爬行动物的一个类别，虽然名字里带个"龙"字，但却和恐龙属于截然不同的类别。蛇颈龙和本书 62 页介绍的秀尼鱼龙等鱼龙以及本书 83 页介绍的潘诺尼亚龙等沧龙，并称为三大海洋爬行动物🔧。

然而，虽然蛇颈龙目名为"蛇颈"，但也不是每个成员都是长脖子的，也存在"短脖子的蛇颈龙"。说起来，管这类动物叫"脖子很长的龙"的也就只有日语①，英语国家的叫法都是"Plesiosauria"，本身并无"长脖子"的含义🔧。

顺便提醒你，捕猎"短脖子的蛇颈龙"时，因为它们当中不少都脾气暴烈，天性凶猛，所以仅准备开头提到的圆筒形渔笼是不够的，甚至连渔民都要冒着性命的危险🔧出海捕猎。

不过请你放心，我们这次的目标还是符合字面意义的"长脖子蛇颈龙"。

我们捕猎的对象叫作薄板龙🔧，是"长脖子蛇颈龙"的代表。它们平时栖息于近海区域，在日本的近海地区也存在。

捕猎薄板龙时，人们要先预测其游泳的路线，将圆筒形渔笼沉入适当的深度。过一会儿，游过来的薄板龙就会被饵料引诱，自己钻入渔笼，吃掉人们在渔笼尖端为它准备的饵料……然而就动弹不得了。

薄板龙根本就不会游泳后退。

这时候，人们只要用盖子把圆筒形渔笼封上口就大功告成了，然后

---

① 当然，汉语中"蛇颈"也有此意。

只要"连龙带笼"地运到港口即可。

这么看，捕猎薄板龙好像挺容易的，但预测它们的游泳路线需要经年累月的经验和知识，还需要有最先进的海底雷达才行。

## 大家可以共享的颈肉汤

虽然捕获的薄板龙大小不一，但它们长长的脖子一般都肉质丰富。只要买下一只薄板龙的颈肉，就足够让不少人饱餐一顿了。而且，薄板龙的肉没有腥味，非常适口，同时充满弹性，鲜味浓郁✐，非常适合制作多人围坐时的饕餮大餐。

在这里，我想给大家介绍渔港周边的人们常吃的一道名菜——薄板龙颈肉汤。

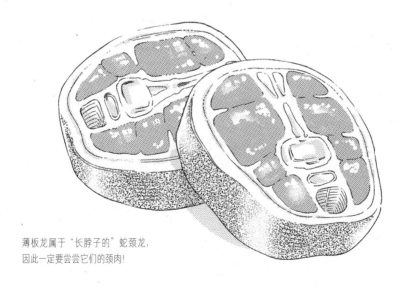

薄板龙属于"长脖子的"蛇颈龙，
因此一定要尝尝它们的颈肉!

首先，我们得把脖子从身体和头部切分开来，取出不需要的食道。

然后，把脖子切成一段一段的，每一块肉块切成大概 200 克是最合适的。薄板龙的颈椎很多✦，我们可以瞄准颈椎之间的接缝下刀，切忌一不留神切到骨头，损坏刀刃。

切好后，把颈肉泡在水中 1—2 小时，洗去血水。然后将肉块连清水一起倒入锅内加热，煮开后焯水 10 分钟。

焯水后，把水倒掉，然后用流水清洗肉的表面。残留的血水会让肉产生腥味，因此一定要仔细清洗。

接下来，将大蒜剥皮、略微碾碎，生姜切片，大葱只留绿色的葱叶，并将这些辅料和肉一起加入锅中，加水没过后开大火加热。煮沸后改小火，熬煮 4 小时。在此过程中，颈肉随时会煮出血沫，需要随时撇去。

将肉在熟透后捞出，过滤汤汁，然后将肉和清汤一起放入冰箱冷藏 3 小时冷却。冷却后，汤的表面会漂浮一层脂肪，需将脂肪也捞出弃置。

将完全冷却的清汤和肉倒回锅内，再煮两小时。最后加入盐和黑胡椒调味，盛入碗中即完成。薄板龙的颈肉熬煮得十分软嫩，配上清口爽脆的白葱丝，必定搭配得宜。清汤的味道虽然清淡，但融入了肉的鲜香，亦是一道绝品。如果多人共同享用，大家一定都能获得满满的满足感。

这份菜谱虽然我用的是薄板龙肉，但同样适用于其他长脖子的蛇颈龙。请你一定要试一试。

# 薄板龙颈肉汤

切分长脖子的要点在于瞄准颈椎之间的接缝处下刀。
焯煮肉块时，不要等水开了再将肉块下锅，
而是将肉和水一起下锅加热，这样就不会产生腥臭味。
一只薄板龙就有不少肉，不妨邀请多人一起享用吧！

【材料】（10人份）

薄板龙的颈肉……1kg
水……适量
大蒜……2瓣
生姜……1片
大葱……1根
盐……2大勺
黑胡椒……少许

操作熟练后，厨师只要用手触摸肉的表面就能找到骨头之间的接缝处。

**◆◆ 做法 ◆◆**

❶取出薄板龙颈部的食道，将颈肉切分成200克左右的肉块。浸泡肉块1—2小时，去除血污。在这个过程中，如果水变混浊就换水。

❷将①和1.5升清水一起加入锅内，大火煮沸。焯水10分钟后将水倒出，用流水清洗肉的表面。

❸将大蒜剥皮，轻轻碾碎，生姜切薄片。

❹将②、③，以及大葱的葱叶部分加入锅中，加水没过，然后大火煮开。开锅后改小火，随时撇去血沫。熬煮4小时左右，取出肉块，过滤汤汁。

❺将④放入冰箱冷藏3小时冷却，去除表面的脂肪。

❻将⑤重新倒入锅内加热，继续熬煮2小时后加盐和黑胡椒调味，最后盛入碗中。将大葱的葱白切成细丝摆于其上即完成。

尽情享用酱汁搭配的沧龙肉

# 蒲烧潘诺尼亚龙

【古生物审校】冈山理科大学　林昭次

潘诺尼亚龙属于沧龙科，是这个科中罕见的淡水物种，

肉的味道清淡，适合各种做法。

这次，我们就来做一道蒲烧潘诺尼亚龙吧！

诱人的香气搭配甜辣的酱汁，必定能够一下子就激起你的食欲。

沧龙科中的淡水物种——潘诺尼亚龙。

### 在河流中度过一生的沧龙

捕捉河鱼时，有一种方法叫放鱼筌。这种方法能够诱捕河道中的鱼类。为了捕获猎物，我们要先把鱼筌，也就是一种筒状的渔笼给放置好。

根据想要捕获的猎物的不同，鱼筌的大小也各有不同。使用大号的鱼笙时，有时候也能捕到鱼类之外的其他水生动物。

潘诺尼亚龙 🖋 就属于令人意想不到"自投鱼笙"的动物之一，属于沧龙科的一种。

简单介绍一下沧龙的外观，就是"尾巴尖端有尾鳍，四肢也都有鳍的巨蜥" 🖋。沧龙科中体形最大的霍氏沧龙 🖋，身体全长可达 15 米，仅头骨就有 1.6 米长。霍氏沧龙结实的头骨上排列着粗大的牙齿，在欧洲的部分地区，人们甚至把它们当成恐怖的大怪兽 🖋，是当之无愧的海洋霸主 🖋。

除此以外，沧龙科中还有不少其他物种，目前已经确定的，既有身长 2—3 米、鳍状肢不发达的物种 🖋，也有牙齿特化、主要以贝类为食的物种 🖋 等。在北海道的近海区域，还有夜行性的小型沧龙 🖋，似乎是专挑大型沧龙睡觉的时间外出活动一般。

虽然沧龙科内的物种多样，但其中绝大多数都生活在海里。

潘诺尼亚龙是沧龙科中的"怪胎"，是沧龙科中已知的唯一一种淡水物种。而且还和鲑鱼不同，鲑鱼是一生多数时间在海中度过，只在特定时期回到河流中生活，潘诺尼亚龙的一生都在河流中度过。

潘诺尼亚龙长大后，有些能长到体长 6 米，但实际上，这么大的个体是很难见到的。人们目击的个体，能称得上"庞大"的，基本上都是 3—4 米。至于用鱼笙就能捕捉到的，必然还要更小。

在沧龙科内，潘诺尼亚龙的外表也有点儿与众不同。它们和其他"同胞"的共同点是身体长、尾巴长，但却没有那么明显的尾鳍。潘诺尼亚龙的嘴巴尖端很独特，略有棱角，和其他种类的沧龙相比，四肢也没有变为鱼鳍状，这也是它们的特征之一。这样的四肢，让潘诺尼亚龙得以和鳄鱼一样，能够在河道的浅滩处爬行。

据说，在河流中捕鱼的渔民都不太愿意捕捉潘诺尼亚龙。它们不但身体太大，难以运输，偶尔还会损伤鱼筌，甚至把鱼筌彻底毁坏，能造成不小的麻烦。

不过话虽这么说，自投罗网的猎物总也不能放掉，只好做成一道美食啦。


## 用酱汁激发清淡的滋味

硬要比较的话，潘诺尼亚龙的肉和鸡肉比较接近，肉质纤维紧实，但味道清淡，毫不张扬🍴。这样的食材，会因为做法的不同，发挥出十分不同的效果。

这次，我们就简单地做一道蒲烧潘诺尼亚龙吧！配上甜辣的酱汁，好好地享受一番。

首先，我们要把肉切成 5 毫米厚的肉片，并排放在小盘上，裹上面粉备用。

然后我们来准备酱汁。材料为老抽酱油、味淋、白酒和白砂糖，适合的比例为 3 份老抽酱油、3 份味淋、3 份白酒、1 份白砂糖。将这些材料倒入碗中，充分混合备用。

在平底锅内加入色拉油，开中火，充分加热后加入潘诺尼亚龙肉。

肉片煎至金黄后翻面，至 8 成熟时倒入酱汁。

在中火熬制的过程中，酱汁会逐渐黏稠。此时转小火。

接下来这一步非常关键。用勺子一边搅拌锅内的酱汁，一边勤将酱汁一点点地淋到肉上。这样，酱汁就能均匀地渗到肉当中。

将煎好的肉片盛出，然后把配菜用的小尖椒倒入同一个平底锅内，快速煎一下，使其沾满残余的酱汁。

把肉片码在盘中，撒上花椒粉，再配上煎好的小尖椒即可完成。

你还可以在食盒或饭碗内盛上一层白米饭，然后摆好肉片，淋满酱汁，这样就做成了一碗蒲烧潘诺尼亚龙盖饭，这也是我很推荐的一种吃法。

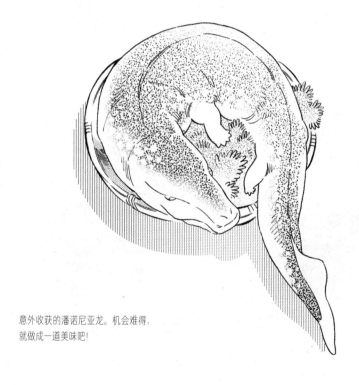

意外收获的潘诺尼亚龙。机会难得，就做成一道美味吧！

# 蒲烧潘诺尼亚龙

潘诺尼亚龙肉味道清淡，
因此能否让酱汁充分渗透其中就是是否美味的关键。
在食盒或饭碗内盛上白米饭，
再在上边摆上肉片和酱汁，
简直好吃到停不下来！

【材料】（3 人份）
潘诺尼亚龙肉……450g
面粉……适量
A ┌ 老抽酱油……3 大勺
  │ 味淋……3 大勺
  │ 白酒……3 大勺
  └ 白砂糖……1 大勺
色拉油……1 大勺
小尖椒……6 根
花椒粉……适量

一边搅拌锅中的酱汁，一边把酱汁淋到肉上，可以让肉充分入味。

◆◆ 做法 ◆◆

❶ 将潘诺尼亚龙的肉切成 5 毫米厚的薄片，并排放在小盘上，裹上面粉，拍掉多余的面粉。

❷ 在碗中将 A 充分混合。

❸ 在平底锅内倒入色拉油加热，倒入①煎烤。将一面煎至金黄色后翻面，8 成熟时倒入②，中火煎烤。

❹ 在酱汁逐渐黏稠时改小火，用勺子一边搅拌锅中的酱汁，一边把酱汁转着圈淋到肉上。待肉片熟透后盛出。

❺ 将小尖椒倒入同一个平底锅中，快速煎烤，使其沾满剩余的酱汁。

❻ 将④盛入容器内，撒上花椒粉，再配上⑤即完成。

品味菊石的"贝柱"和"触须"

# 黄油焗四角菊石

【古生物审校】Geo Labo 公司 / 北海学园大学　栗原宪一

菊石是比较容易买到的古生物食材。

我这次选择的是贝壳比较厚的四角菊石，

请大家品尝相当于贝柱和触须的部位。

整道菜加入了黄油的醇厚风味，不妨搭配白葡萄酒一起享用。

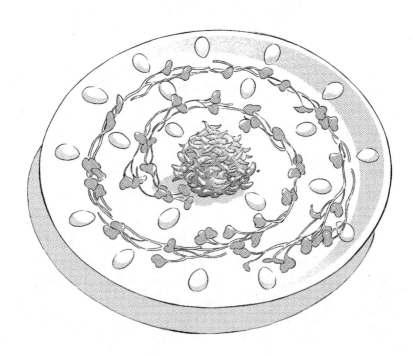

壳体较厚的一类菊石——四角菊石。

### 在深海设置渔笼

有一种捕鱼的方法叫渔笼法。

顾名思义，就是张开渔网，在其中设置一个渔笼，并在渔笼的入口处留下一个开口的捕鱼方法。渔笼入口的外侧比较开阔，内侧狭窄，呈漏斗形状。正因为有了这种形状，进入渔笼内部的猎物，轻易无法逃脱到外面。这是捕捉乌贼时渔民常用的方法之一，拿来捕捉菊石也颇有成效。

人们常在北海道的大海沿岸，大陆架附近深 200 米的水域内设置渔笼✍，并在笼中悬吊适量的鱼肉糜。这样的机关效果很好✍。只要静置一夜，第二天一定会有不少种壳体厚实的菊石钻进渔笼。

这些菊石里有没有四角菊石✎呢？在大多数情况下，都会有不止一只，很多只四角菊石会一起上钩。

菊石类动物的总数有超过 1 万种。不同种类的菊石，烹饪的方法也各不相同。其中，四角菊石比较容易入手，烹饪的方法也相对没有那么麻烦。是比较有名的"入门级菊石料理"。


## 不要期待它们的肉多如肉螺

菊石类动物属于头足纲的一种。

属于头足纲的动物，就是乌贼、章鱼的同类。听到这里，肯定有不少人要食指大动了。整只烧烤、乌贼寿司、乌贼素面、乌贼肉盖饭、炸章鱼、章鱼肉盖饭、炖章鱼、章鱼烧……头足纲的动物，全身到处都是美食。

不过，请你先别着急。

菊石和乌贼、章鱼不同，它们是有壳的。这个壳肯定是不能吃的。

首先，我们要把它们柔软的身体部分从壳体中取出来。

我这么一说，又有人该把它们想象成蝾螺或者日本凤螺那种肉螺了吧？

用牙签等工具轻刺其软体部位，反手一挑，往外一拉，就把螺壳深处潜藏的软体部位给拉出来了。

没错，肉螺就是这么吃的。

但菊石和肉螺还有点儿差别。菊石壳体的内部有好几个隔断的空间，这些空间彼此相连，称为气室✎，因此菊石的软体部位并非藏在壳体的深处。如果你在把菊石的身体拉出来的时候，想象它们的肉会有肉螺的肉那么多的话，可能就要感到失望了。


## 不同的部位有不同的烹饪方法

制作"菊石料理"之所以比较偏好使用四角菊石，是因为四角菊石的软体部位，也就是可食用的部位比较大。正因为它们身体比较大，所以我们可以分成不同的部位，来享受各自不同的味道。

四角菊石虽是菊石类动物的一种，但它们的壳体上并没有发达的横肋，也没有刺、脊这些结构。"四角"的意思就是四角矩形，之所以叫"四角菊石"，是因为它们壳体的横截面接近矩形，外观并不太起眼。

然而这些特征却让它们十分易于烹饪。

用左手拿住四角菊石的壳体，它们的多根触须会从壳体中伸出，用右手抓住菊石触须根部的软体部位，轻轻扭转，可以听到"扑哧"一声。这是连接壳体和软体部位的头部牵引肌从壳体上分离的声音。此时，用右手缓缓地往外拉，就能把整个软体部位取出来了。

取出软体部位后，首先，我们要把它们坚硬的颚取下。这个部位就是菊石的喙嘴✐，这次的这道菜我们用不上。不过好不容易买来了一只四角菊石，就改天再拿它做道菜下酒吧。

这一次我想先让大家品尝一下的部位，是我们刚刚说到的，和壳体分离开来的头部牵引肌。这块肌肉的味道和口感有点儿像扇贝的贝柱，但没有扇贝肉的嚼劲那么强。

除了"贝柱"，菊石还长有好几条触须。和章鱼触须一样，菊石的触须也可以吃，但同样地，它们的触须也没有章鱼触须的肉嚼劲那么强。

不过，菊石肉的这份软嫩口感，也正好能在烹饪时发挥其妙处。

　　这次，我们就用黄油来焗烧四角菊石的头部牵引肌和触须。触须的肉中，还融入了炒熟的洋葱散发出的清甜。海鲜的鲜香与黄油的浓醇相得益彰，佐以白葡萄酒享用，一定非常合适。

　　摆盘时，你不妨摆出一个菊石壳体的形状，把头部牵引肌摆成螺旋状，营造出一种高级料理的氛围，一定很有情趣！

头部牵引肌

软体部位由头部牵引肌与壳体相连。

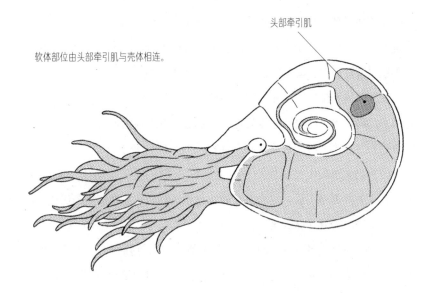

# 黄油焗四角菊石

黄油、洋葱和酱油给味道添彩,
尽情享受壳体厚实的菊石独有的风味吧!

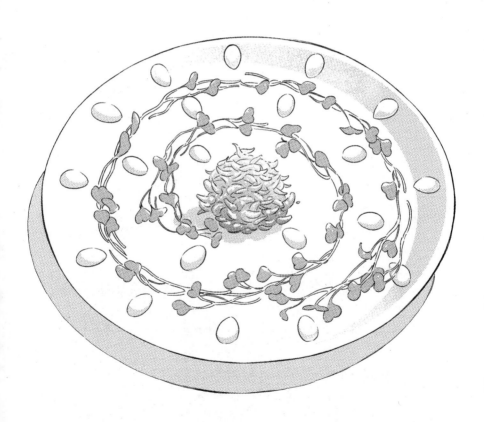

【材料】(2人份)

四角菊石······10只
洋葱······1/4 个
黄油······2 片
盐······适量
胡椒······少许
酱油······少许
豆苗······少许

用手轻轻扭转，菊石的软体部位
就能和壳体"扑哧"一声分离开
来。那一瞬间让人略感兴奋。

◆◆ 做法 ◆◆

❶用两只手分别抓住四角菊石的壳体和软体部位，轻轻扭转。听到"扑哧"
一声时，软体部位就和壳体分离开来了，可用手拉出。用小刀将头部
牵引肌和触须从软体部位切下。

❷斜刀将头部牵引肌切成两半，将触须切成 2 厘米长的小段，再将洋葱
切碎。

❸在锅内熔化一片黄油，用中火炒头部牵引肌。炒熟后加入少许盐和胡
椒盛出。

❹在锅内再熔化一片黄油，用中火炒洋葱。大约 8 分钟后加入触须继续
炒制，最后加入少许盐和酱油，迅速起锅。

❺在盘中将❹堆成"小山"状，将❸和豆苗一起摆在洋葱周围即完成。

把盐辛菊石变成葡萄酒的下酒小菜！

# 意式平盘菊石普切塔

【古生物审校】Geo Labo 公司 / 北海学园大学　栗原宪一

平盘菊石是一类壳体扁平的菊石。

其软体部位全部可食用，首选吃法就是盐辛。

光是这样做就已经足够下酒了，

但这次我们不如把它和法式面包组合在一起，

做成一道西餐小菜来享用吧！

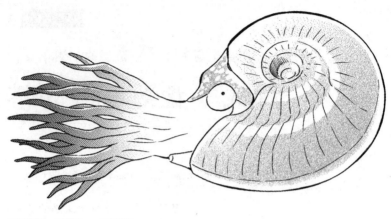

壳体很薄的一类菊石——平盘菊石。

## 易于烹饪的"小铁饼"

菊石可以通过渔笼法来捕捞。

它们的种类总数超过 1 万种，因此渔民可以通过将渔笼设置在不同深度，来控制捕获的具体物种。

例如，如果你在北海道深度 50 米左右的海底设置渔笼✐，且在笼中放入捕捞菊石时必会使用的鱼糜当饵料，那么将渔笼静置一晚拉上来后，钻入其中的应该就不是我们在 90—96 页中介绍过的四角菊石了。四角菊石壳体较厚，这次捕捞的菊石则不同。

这次捕捞的菊石外壳扁平，仿佛投掷铁饼时用的铁饼一般。

而大小则和儿童的手掌差不多，是一种小型菊石。

这类菊石的名字叫平盘菊石✐。

平盘菊石的壳体上几乎不具有肋，整体较为光滑。壳体螺旋的中心称作脐，这类菊石的脐很小，这也是它们的特征之一。

"外表这么扁平……如果往水面上投，肯定能打出漂亮的水漂！"你说不定还会这么想呢。

但你要是真的把它们给投出去了，那就太浪费了。平盘菊石可是和四角菊石齐名，被称为最具代表性的"可食用菊石"的。

另外，目前发现的平盘菊石化石，有些在壳体上遗留着彩虹般的光泽。据说这在菊石爱好者之间也是个热门话题。


## 烹饪方法多种多样

壳体越扁平的菊石，就越喜欢活泼地游来游去，因此平盘菊石的肉质就比四角菊石更加紧实。

虽然平盘菊石体形较小，身上能吃的部分比较少，但和四角菊石一样，一般来说每次捕捞能捕到的数量都不少。有时渔民还会把沉入海底的渔笼扩大，或者增加渔笼的数量，来让每次捕捞的数量进一步增加。

用平盘菊石做菜时，基本上会直接使用它们去壳后的全部软体部位，这和只使用特定部位的四角菊石是有很大区别的。


## 腌渍是最简单的吃法

我们可以以酱油为底调成腌料，然后将刚刚捕获的活平盘菊石带壳泡入腌料当中。这么一来，平盘菊石就会吸收腌料，让全身充分入味。

吃的时候，只需用手抓住外壳，用嘴就可以直接把肉身给吸出来。和北陆地区出产的特色美食萤火鱿相比，平盘菊石虽然口感略显平淡，但也是和日本酒相得益彰的海味。

此外，你也可以将平盘菊石的软体部位从壳内拉出来，然后用酱油、味淋、白酒等烹煮，做成菊石樱煮[①]，也同样令人垂涎。再或者，用热水快速汆烫一下软体部位，蘸点儿料汁吃也很绝。料汁可以用醋和酱油1∶1调配，也可以用醋、酱油和味淋1∶1∶1调配，还可以把芥末、醋和日式味噌混合调配。如果同时和萤火鱿搭配着吃，进行一番对比，那一定很有意思吧！


## 搭配法式面包


在一般人的印象里，平盘菊石都是制作日本料理的食材，但这次我却想把它做成一道西餐。

不过虽说是西餐，一开始还是得先做一道盐辛菊石。

把菊石做成盐辛小菜也算是一种经典吃法了。将刚刚捕获的平盘菊石从壳中把软体部位拉出来，放入广口的容器。此时如果使用自来水冲洗的话会降低菊石本身的鲜度，所以暂时先留着它身上的海水。

在容器中加盐拌匀，浸渍10天，盐辛菊石就做好了。在腌制过程中一定要定期搅拌，这是关键，如果在这个步骤上偷懒，做出来的盐辛

---

① 原指用酱油、味淋等煮熟的章鱼脚，因会呈现和樱花一样的粉红色而被称为樱煮。

菊石就会混浊不堪，味道变差。

当然，此时做好的盐辛菊石，你完全可以直接拿来就饭吃，或者配着日本酒，当下酒的小菜。不过，这次我还想多下点儿功夫。

首先，把洋葱和番茄切碎，充分擦干水分后，和刚刚做好的盐辛菊石，以及橄榄油等调味料一起搅拌均匀。

接着把法式面包切成圆片，稍微烤一下。面包片可以适当切厚一些，这样口感较好。然后把盐辛菊石、蔬菜等做成的配料摆在其上，这道搭配白葡萄酒的西餐小菜普切塔就完成啦。在面包上摆放配料时，还可以仿照菊石的壳体，画一个螺旋，视觉效果也直接拉满。

就请搭配面包，尽情享受平盘菊石的鲜甜之味吧！

将平盘菊石的外壳分离，从制作盐辛菊石开始准备这道菜吧！

# 意式平盘菊石普切塔

盐辛菊石是菊石的经典吃法，
直接食用也可以，但这次我们想多下点儿功夫，
做成西餐。制作盐辛菊石时，
要注意每天搅拌，不然就会色泽混浊，味道变差。
另外，为了避免法式面包吸水变软，
要将切好的蔬菜擦干水分。

【材料】（2—3 人份）

平盘菊石（去壳）……250g
盐……20g（平盘菊石肉的 8%）
洋葱……1/4 个
番茄……1/2 个或 1 个
罗勒叶（或苏子叶）……3—4 片
　　　┌大蒜（磨成泥）……少许
　　　│盐……1/2 小勺
　A　│胡椒……少许
　　　│柠檬汁……1/4 颗份
　　　└橄榄油……2 小勺
法式面包（按喜好切成厚片）
　　　　　　……10—12 片

购买刚刚捕获的菊石时，
推荐使用翼龙快递!

◆◆ 做法 ◆◆

❶ 制作盐辛菊石。把刚刚捕获的平盘菊石直接放入广口容器中，不用水洗，
加盐拌匀，放入冰箱静置，每日搅拌。2—3 天后，容器内会水位上升，
继续静置。

❷ 浸渍一周左右时用筛网沥干水分，继续发酵 2—3 日即可食用。

❸ 制作普切塔。将洋葱切碎，泡水去除辣味。将番茄和罗勒叶切碎。

❹ 用厨房纸巾擦干洋葱、番茄的水分，在碗中加入 A 和②，搅拌均匀。

❺ 将法式面包烤至酥脆，在表面上摆上④，再随意撒上一些罗勒叶。

将海鸟的大腿肉做成法式料理

# 红酒香炖黄昏鸟

【古生物审校】兵库县立人与自然博物馆　田中公教

在所有鸟类当中，黄昏鸟的肉是比较难买到的。

但如果运气好碰上，不如做成一道炖肉如何？

这种做法不仅可以去除肉本身的腥味，还能用葡萄酒的酸味给肉提香，再配上若有若无的日本八丁味噌，更能增添情调。

在海中游泳的黄昏鸟。

## 找准产蛋期

我买到了珍稀鸟类的肉。

黄昏鸟🦴全长 1.5 米左右，虽然名字里带个"鸟"字，但样子却一点儿也不像鸟，没有翅膀，仔细看，它们的嘴里还有牙齿🦴。

黄昏鸟是"不能飞的海鸟"，没错，和企鹅是一样的，但它们可比在海边生活的企鹅罕见多了。毕竟，黄昏鸟的栖息地是距离海岸 300 千米以上的海域🦴，而且一生中有 90% 的时间生活在海上，就算从陆地往大海眺望，也难以一窥它们的身姿。

黄昏鸟如此罕见，买到它们的肉就更难了。

你可能会想："只要乘船出海，趁它们浮出海面的时候捕捉不就好了吗？"

然而，如果你真在海上见到黄昏鸟，那还是赶紧逃命吧。

因为那时，在海底很可能有以黄昏鸟为猎物的大型海洋爬行动

105

物🔪。这些"海底猎手"可不一定会放人类一条生路。如若不是大型渔船，很可能会被直接掀翻，危险系数很高。

就算"海底猎手"没有出现，捕捉黄昏鸟也不是那么容易的。一旦感知到危险靠近，它们就会用粗壮的后肢划水，转瞬间就潜入海底。这时再去捕捉就不可能了。

所以在一年中捕猎这类动物的机会就只有几天——就是为了产蛋，黄昏鸟走上海岸🔪的时候。

但是，黄昏鸟产蛋的时期，以及接近海岸的条件，到现在人们还没有完全搞清楚。所以可以说，目前人们能不能抓住捕猎黄昏鸟的时机还要看运气。这也是食用黄昏鸟肉流入市场的一大障碍。

不过，如果真的走运，看到黄昏鸟走上海岸的话，之后要做的就很简单了。你只需躲在岩石后面，静待猎物登陆，等到它们完全站上陆地之后再捕捉就可以。黄昏鸟在水下虽然有无与伦比的机动能力，但在浅滩或海岸上却只能慢吞吞地爬行，捕捉起来毫不费力，连特殊的工具都不需要，唯一需要注意的就是它们长有牙齿，不要被它们咬到。

此外还有一项规定，就是专门捕猎海鸟的猎人，必须等待黄昏鸟产完蛋后再开始捕猎。留下后代之后再行捕捉，这是他们那一行的行规。另外，如果好多只一起上岸产蛋，也不能斩尽杀绝。越是稀少的食材，越有这样重要的规矩。

正因为有了上述这些情况，黄昏鸟才成了珍贵食材。


## 搭配红酒

黄昏鸟身上最好吃的部位首选大腿上的肉。因为不会飞，所以它们的胸肌不发达，而大腿上的肉，由于平时大力划水游泳反而十分结实，嚼劲十足。

黄昏鸟的大腿肉都是富含铁元素的瘦肉🍴，但有时也会带些腥气。

因此这次，我采用了炖肉的做法，将黄昏鸟肉和红酒、蔬菜一起炖煮，既可以抑制腥味，还可以加入日本八丁味噌，给整道菜增添情调。

首先，胡萝卜、芹菜、番茄、洋葱都切成 2 厘米左右的大块，与肉一起浸泡在红酒当中。

接着，将这些蔬菜和肉一起稍微炒一下，然后将浸泡用的红酒也一并倒入锅内，加入法式小牛高汤，慢慢炖煮 2—3 小时，火候要掌握好，仔细保持在高汤稍稍沸腾的状态，也不要忘记时常撇去浮沫。

肉在煮的过程中会逐渐变硬，但如果用文火持续炖煮，又会慢慢地变软烂。肉炖烂之后就要捞出，如果继续炖下去，其中的鲜味就该消失了。

把肉捞出去后，锅内剩下的高汤即可收成酱汁。此时将日本八丁味噌和蜂蜜等加入锅内。

最后，在盘中撒上可食用的鲜花，豪华法餐的氛围感也呼之欲出。不如就在恋爱纪念日或者结婚纪念日上大快朵颐吧！

黄昏鸟的大腿肉，富含铁元素。虽然略带腥气，但却肉质紧实，十分鲜香。

【材料】（2人份）

黄昏鸟大腿肉……500g
洋葱……1/2 个
胡萝卜……1/2 根
芹菜……1/2 根
番茄……1 个
大蒜（磨成泥）……1 瓣
红葡萄酒……800ml
盐、胡椒……各少许
法式小牛高汤……800ml
水……适量
黄油……1 片
蜂蜜……40g
日本八丁味噌……15g
花椒……少许
西蓝花……1/4 棵
莲藕……1 节
食用鲜花（粉色、黄色）……少许

# 红酒香炖黄昏鸟

为了引出黄昏鸟大腿肉的鲜味，
用红酒和蔬菜炖成酱汁，
再配上日本八丁味噌增添风味。

利用可食用的鲜花当装饰，让菜肴一下子就带上了华贵之气。

◆◆ 做法 ◆◆

❶将黄昏鸟的大腿肉切成4等份，将洋葱、胡萝卜、芹菜和番茄都切成2厘米大小的方块。

❷将①倒入盘内，加入大蒜和红葡萄酒，放入冰箱静置一夜腌制，取出后过筛。此时留下的红酒不要倒掉，备用。

❸擦去②中肉的水汽，在其表面涂上盐和胡椒，放入平底锅内煎。煎至金黄色后加入②中的蔬菜快速翻炒。

❹在锅内放入③、②中的红酒和法式小牛高汤后开大火煮沸，煮沸后转小火，期间仔细地撇去浮沫和多余的油脂。

❺将火候保持在让高汤稍稍沸腾的状态，炖煮2—3小时，随时撇去浮沫，炖煮的过程中若水分变少则需补足。肉炖烂时即将肉捞出。

❻在锅内加入黄油和蜂蜜，炖至收汁。

❼加入日本八丁味噌和花椒，将⑤的肉放回锅内，用文火加热。

❽将搭配用的西蓝花、莲藕切成适口的大小后焯熟。

❾将⑦和⑧盛盘，撒上食用鲜花即完成。

巧妙地利用巨大的恐龙蛋

# 酱腌巨大恐龙蛋 & 蛋白霜饼干

【古生物审校】筑波大学　田中康平

恐龙蛋的分量扎实，一个人根本吃不完。

我们不妨将蛋黄做成酱腌的小菜，将蛋清做成饼干，这样一来，

不仅十分入味，还易于储存，堪称一石二鸟。

巨大的蛋壳，还能用作盛菜的器皿。装饰上蕨类植物的叶片，

叫人连心都似乎飘到中生代去了！

110

全长 8 米的恐龙守护着巢
穴，在获取恐龙蛋时一定
要注意。

## 长达 47 厘米的巨大恐龙蛋

虽然统称为恐龙蛋，但不同种类的恐龙蛋，其实形状和大小也天差
地别，其种类超过 150 种。

这次我准备的就是所有恐龙蛋中最大的，形状细长而椭圆，长轴达
47 厘米，短轴 16 厘米，重量可达 5.6 千克。

一般来说，鸵鸟蛋即可被称为"巨蛋"了，但鸵鸟蛋的长轴也不过
16 厘米而已。长达 47 厘米的蛋，恐怕要比你的脑袋都大了。

恐龙蛋本身也有自己的学名。这次我们要烹饪的恐龙蛋名叫巨型长

形蛋（Macroelongatoolithus）🔧。这个学名是由表示"蛋"的单词"oolithus"前面加上表示"细长"的"elongat"以及表示"巨大"的"macro"构成的，虽然单词很长，但却十分便于理解。

## 取蛋也是个拼命的活

巨型长形蛋是十分珍贵的。

这倒不是因为这种恐龙蛋数量稀少，而是因为保护着它们🔧的恐龙父母，体形大到人类只能仰头来看。因此采集这种蛋是很难的。

这种蛋的父母是什么恐龙目前尚不明确🔧。但这种恐龙的全长预计可达 8 米，是两足行走的类型，前肢长有翅膀，头部短窄，头顶有小冠。

其巢穴则比特大号的床还大，呈圆形，直径可达 3 米。巨型长形蛋就并排摆放在巢穴的边缘。母体恐龙的输卵管有两条，因此恐龙蛋基本也都是两两并排排列的。母体坐在巢穴的中心，用翅膀覆盖在蛋的表面。

在产蛋期、育幼期的父母，脾气都十分暴躁，这对所有动物来说是共通的。虽然这种恐龙嘴里没有牙齿，但若把它们惹怒，遭遇它们的头槌攻击，或者被它们的长腿踢到，那可谁也保证不了你的性命安全了。

这次我准备的恐龙蛋，是采蛋的老手趁夜间恐龙反应比较迟钝的时候偷偷溜到巢穴附近采集来的，可即便如此，据说他们一次也只能采集几颗而已。新手最好还是不要一个人尝试的好。

巨型长形蛋大归大，蛋壳却很薄，也就是说，整颗蛋非常脆弱，因此在搬运的时候一定要多加注意。另外，恐龙蛋和鸡蛋一样，让大头（相对没有那么尖的一端）朝上比较容易保鲜。

所以，你也需要准备一个用来搬运、保存恐龙蛋的"托蛋架"。

## 蛋黄既可就饭，也可下酒

在烹饪时需要注意的是，你要先将蛋壳小心而用力地敲开。虽说巨型长形蛋的蛋壳较薄，可也是比鸡蛋壳厚实得多的，而且还很硬。此时，我建议你还是别犹豫，使用锤子和凿子吧，虽然这些工具一般不能算厨房用具。为了稳定地固定恐龙蛋，也别忘了准备沙袋。

一颗巨型长形蛋就含有 14739 大卡的热量。一颗鸡蛋的热量为 151 大卡，因此一颗巨型长形蛋就相当于差不多 98 颗鸡蛋的热量。

因为这种恐龙蛋属于超高热量的食材，如果少数几个人一口气全部吃完的话，恐怕会危及生命，因此我觉得可供每次少量食用、又利于保存的做法是最适合这种恐龙蛋的。

所以这次，我就打算把巨型长形蛋的蛋黄做成一道酱腌小菜。这道菜使用的是以味道偏咸著称的信州味噌，如果喜欢味道更浓郁一点儿的，也可以根据自己的喜好选择其他种类的味噌。腌制两周左右，蛋黄就会开始凝固，变得黏稠起来。

这样的小菜，就白米饭吃就不用说了，用来给日本酒或者烧酒当下酒菜也很适合。大家可以把它切成适口的大小，搭配各种其他菜肴一并享用。

## 蛋清可以做成饼干，配方自由发挥

恐龙蛋的蛋清当然也是可以食用的。为了更加易于储存，我们可以把蛋清烤成饼干。你也可以一次多做出来一些，加上包装，送给周围的邻居。能收到"恐龙蛋饼干"的礼物，不仅孩子们会欣喜若狂，大人们肯定也跃跃欲试吧。

　　蛋白霜饼干最好的一点，就是配方可以自由发挥。在蛋清中加入低筋面粉和白砂糖后烤一烤就能做成甘甜的饼干，不过，你可以调整调整白糖的用量，或者把低筋面粉换成荞麦面粉，调配出"大人的味道"，就请你自己去寻找最独特的风味吧！

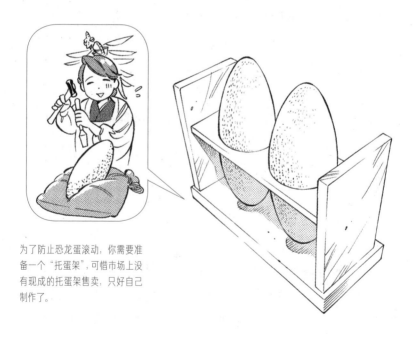

为了防止恐龙蛋滚动，你需要准备一个"托蛋架"，可惜市场上没有现成的托蛋架售卖，只好自己制作了。

# 酱腌恐龙蛋

这种恐龙蛋虽大却易碎，务必要用专用的托蛋架固定，维持其在巢穴中的姿态。

【材料】（※ 方便制作的分量）

恐龙蛋（巨型长形蛋）……1 颗
味噌（根据喜好自行选择）……12kg
味淋……500ml

## ◆◆ 做法 ◆◆

❶在开始烹饪之前，一直要将恐龙蛋用托蛋架固定，防止滚动。

❷将味噌和味淋倒入桶锅当中，充分混合拌匀，将表面铺平。然后在酱料的中央挖一个直径和深度均为 16 厘米的圆洞，在洞中铺上纱布。

❸用沙袋将①固定为稍稍倾斜的姿态，用锤子和凿子在水平方向上用力，在蛋壳上端敲出裂缝，小心地打开。

❹在网目较粗的筛网下放置一个碗，让③的蛋液缓慢地流入筛网，分开蛋清和蛋黄。流入碗中的蛋清，留待后面制作蛋白霜饼干。

❺将④的蛋黄从②的纱布上方缓缓倒进酱料的圆洞当中。

❻在锅上封上保鲜膜，让⑤的酱料和蛋黄紧密接触，然后放入冰箱静置 2 周左右即完成。在吃的时候，将蛋黄切成适口的大小。

# 蛋白霜饼干

你也可以添加少许盐来代替白糖，
做成咸味饼干。
此时，不妨按照个人喜好，
搭配果酱、奶油起司等一起享用。

【材料】（※方便制作的分量）

恐龙蛋（巨型长形蛋）的蛋清
　　　　　　　　　　……1 颗份
低筋面粉（或荞麦面粉）……2.5kg
色拉油……2.8l
白砂糖……2.5kg

巨大恐龙蛋的蛋黄也是巨大的。你要在大号的桶锅内倒入大量酱料，然后再挖一个容纳蛋黄的圆洞。

◆◆ 做法 ◆◆

❶将蛋清充分打发至可以立起尖
　角。
❷将低筋面粉一边过筛一边加入
　蛋清，然后加入色拉油和白砂
　糖，充分混合搅匀。
❸将②加入裱花袋，在烘焙纸上
　挤出适口的大小，放入预热到
　170℃的烤箱，烤至表面金黄
　即完成。

适合在朋友聚会上露一手！

# 恐龙蛋云朵荷包蛋

【古生物审校】筑波大学　田中康平

买到恐龙蛋的"厨房新手"，
一定会想先做一道"大分量荷包蛋"练练手！
但是，请等一下，不如就再费点儿功夫，
做成一道相当适合拍照晒图的云朵荷包蛋吧！
在多人聚会时把这道菜端上桌，
一定能把气氛点燃起来。

蜥脚类恐龙的特征除了长颈长尾，还有对自己的蛋"生而不养"。一旦确认母体恐龙远去，你就可以上前取走它们的蛋了。

## 最易入手的恐龙蛋

"虽然还从没试过，但我也想用恐龙蛋做一道菜。"

如果你也抱着这样的想法，那我推荐你使用一类学名为大圆蛋✦的恐龙蛋。

大圆蛋呈球形，直径 15 厘米左右，和小学生上手球课时用的手球差不多大，但重量可达 1.6 千克，几乎是手球的 8 倍。

我推荐大圆蛋的理由，最主要是它们非常容易购买。只要你去趟超市，一定能在恐龙蛋的货架上找到它们。和其他种类的恐龙蛋，比如我在110页中介绍过的巨型长形蛋相比，大圆蛋的数量更多，价格也更便宜，更能减少家庭开支。

那么，为什么大圆蛋更容易买到呢？

这一点，只要你去实地采集过一次就会明白。采集大圆蛋的恐龙巢穴会大量集中在特定的区域，一个巢穴中随随便便就有20—40颗恐龙蛋。虽然偶尔母体恐龙也会拿植物的叶片覆盖在蛋的表面✎，但你寻找起来也是毫不费劲。只要走一趟，基本上是想要多少有多少。

更重要的是，大圆蛋的恐龙父母采取的都是"放养"政策，根本不会守在蛋的附近，你完全可以放心采集。说不定反而是同样以这些蛋为捕猎目标的蛇更加危险✎呢。


## 父母都是大型恐龙

和其他多种恐龙蛋一样，到底是哪种恐龙生下的大圆蛋，其实人们目前尚不确定✎。

从之前学者就这种蛋的产蛋及孵化情况发表的论文来看，其母体恐龙应该是一种蜥脚类的恐龙。

蜥脚类恐龙具有窄小的头、细长的脖子和尾巴，是一种植食性恐龙，四足行走。

我说蜥脚类恐龙是"巨大恐龙"的代名词可能更好理解。全长超过20米的庞然大物在这类恐龙中也是比比皆是。看到这样巨大的胴体，你就能理解它们为什么不去守护自己的后代了。要是随随便便地接近恐龙蛋，这些父母说不定自己就把孩子们给踩碎了。看样子，它们都会先用后腿挖个洞，然后就地产蛋，产完蛋就扬长而去。如果你想采集它们刚刚产下的蛋，就等母体恐龙离去之后再行动吧。

和巨型长形蛋不同，大圆蛋非常不耐干燥，这一点请你注意。所有动物的蛋，都会在表面留下供其中胚胎呼吸的小孔，但大圆蛋表面的小孔尤其多，内部很容易干燥。因此请你在采集后立即用保鲜膜将大圆蛋包裹起来。


## 做成漂亮有型的荷包蛋

"想做成荷包蛋试试看。"

买到如此巨大的恐龙蛋时，大家都会自然地产生这样的想法吧。

但是，这里面其实还有点儿问题。

大圆蛋虽然不像巨型长形蛋似的那么夸张，但也算高热量的食材，一颗就有超过 3000 大卡的热量，相当于 20 多颗鸡蛋，一个人吃的话还是过多了。而且，如果只是把它简单地做成荷包蛋，在味道上没有任何变化，你吃着吃着就会厌了。

因此，我向你推荐今天的这道菜。

让蛋黄先与蛋清分离，把蛋清打发成蛋白霜后加热，然后在其上摆上水煮的蛋黄即可。

这样做好的荷包蛋仿佛洁白的云朵托着闪耀的太阳，十分漂亮、有型。

你还可以在小盘里倒上日式高汤，把荷包蛋和高汤一起舀起来品尝。

吸入日式高汤的蛋白霜更显松软了。

大圆蛋的分量一个人吃不完，不如在多人聚会上烹饪，让大家可以一起遥想恐龙的身姿，热热闹闹地一起分享。

　　对了，吃之前也别忘了拍张照片。让荷包蛋和日式高汤一起入镜，还能衬出荷包蛋的分量之大。这样的照片必然能引爆你的社交网络。

大圆蛋不耐干燥，因此不要忘记用保鲜膜将其包裹。

# 恐龙蛋云朵荷包蛋

普通的荷包蛋，由于蛋清和蛋黄同时受热，
很容易将蛋清炸焦，蛋黄炸老，
必须全程注意控制火候。
但这道菜就没有这样的顾虑了。

【材料】（15 人份）

恐龙蛋（大圆蛋）……1 颗

A ⌈ 日式高汤……2.4l
　 ｜ 酱油……300ml
　 ｜ 白酒……300ml
　 ⌊ 盐……少许

日式高汤……5 大勺
色拉油……适量

制作蛋白霜时，由于分量很大，建议使用电动搅拌器。

◆◆ 做法 ◆◆

❶将恐龙蛋用沙袋固定，使用凿子和锤子在水平方向上敲出裂纹，打开蛋壳，分离蛋清和蛋黄。

❷在锅内倒入 A 后开火加热，锅内温度超过 60℃ 时放入①中的蛋黄，小心不要破坏其形状。将锅内温度控制在 70℃ 以下，煮 20 分钟，将蛋黄煮至半凝固。

❸在①中的蛋清内加入盐和日式高汤，搅拌制作蛋白霜。

❹在平底锅内倒入色拉油并加热，倒入③用文火煎，煎至表面熟透后翻面继续煎。

❺将②锅内的高汤盛入较深的容器，然后将④盛盘，在其中心摆上②的蛋黄即完成。食用时和高汤一起呈上，用勺子分别舀起来吃。

恐龙肉、豆腐和辣味的有机结合

# 葬火龙麻婆豆腐煎饺

【古生物审校】兵库县立人与自然博物馆　久保田克博

也许会有人适应不了葬火龙大腿肉独特的味道。

但只要巧妙地加上辣味，一切就不成问题了！

这道菜融合了麻婆豆腐和煎饺，分装成方便食用的小盘摆上桌吧！

别看葬火龙长成这副样子，
它们可是植食性恐龙。

## 锁定夜间的筑巢地

在月光之下的广阔牧场里，几个男人带着事先准备好的黑色布袋默默行进着。

他们的目标是葬火龙✦。此时，在直径不足 1 米的巢穴之上，葬火龙正坐定而眠，守卫着它们的蛋呢。

葬火龙成熟后，全长能长到 2.5 米左右，前肢长有翅膀✦，是两足行走的恐龙。它们的脖子细长，头顶上有一个板状的头冠，全身都被一层羽毛覆盖着🍴。

　　葬火龙属于兽脚类恐龙。所有的肉食性恐龙都属于这一分类，大名鼎鼎的肉食性恐龙暴龙🍴也是其中的一员。

　　然而，虽然所有的肉食性恐龙都属于兽脚类恐龙，但却不是所有的兽脚类恐龙都是肉食性恐龙。葬火龙就是植食性恐龙，所以无须担心恐龙猎人遭到袭击，被葬火龙吃掉🍴。但猎人还是有可能遭到反击的，所以一般来说，他们都会挑恐龙反应最迟钝的夜间下手，用黑色的布袋迅速罩住葬火龙的头部，牵制猎物的动作🍴。这么一来，它们就无法动弹了。葬火龙的体重最多 75 千克上下，所以只需几名大人合力就可以将其搬上专用的拖车运走。不过，人们基本上都不会等到它们长到最大时再捕猎、出货，所以一个成年人就足以完成捕猎过程了。

　　至于葬火龙的恐龙蛋，人们基本上不怎么吃。平时人们用来食用的恐龙蛋基本都来自更大型的恐龙。猎人就算找到葬火龙的恐龙蛋，一般也是放置不管，留着培育下一代。

　　在育幼时，坐在巢穴上睡觉的大抵都是雄性🍴。雄性个体供食用，雌性个体供繁殖，这一点不管在哪里的牧场都是金科玉律。

　　捕猎得来的葬火龙肉比其他兽脚类恐龙的肉更适于食用🍴。说实话，葬火龙身上可食用的部位并不多，在市场上售卖的也是以大腿肉为主。

　　在肉店和超市，葬火龙大腿肉并不鲜见。被拔掉羽毛的大腿肉，乍一看和鸡腿肉差不多，不过比鸡肉的颜色更鲜红，弹性也更强。葬火龙肉富含铁元素，牛磺酸的含量也很高，同时脂肪较少，因此在店里也常被贴上"健康肉品"的宣传标签🍴。

　　葬火龙肉有各种各样的烹饪方法，这次我想把麻婆豆腐和煎饺来一个有机结合，给各位做一道麻婆豆腐煎饺。葬火龙的肉带有细微的土腥味🔧，但用我这个方法，把辛辣融进肉当中，就可以激发出肉品的美味了。

## 这种饺子什么都不蘸也很美味

这次我们准备了 3 人份的葬火龙大腿肉，共计 150 克。首先要先将其细细切碎，再剁成肉馅。你也可以在店里买到现成的肉馅，直接买来也没问题。

豆腐呢我推荐使用木棉豆腐，用三分之一块就够了。烹饪前需要将豆腐中的水分压出来，可以把豆腐放在盘子里，然后在上面压上一块镇石，静置两小时。不必一直想着增加镇石的重量，相比之下，延长压水的时间能更好地将豆腐中的水分压出。如果不仔细进行这一步，豆腐中残余的过多水分就会让味道变淡。

最后再将半根大葱切成葱花，这样，做菜前的准备工作就完成了。

将剁成肉馅的葬火龙肉、压过水的豆腐和葱花一起放入大碗中，然后加入辣椒粉、甜面酱、芝麻油、豆瓣酱、蒜蓉、姜末、花椒粉和淀粉，用手一边搅拌，一边把豆腐抓碎，饺子馅就做好了。

接下来就该用饺子皮把馅料包起来了。我建议你把饺子皮先静置到室温[①]，这样会比较容易给饺子塑形。

在饺子皮内盛上适量馅料，然后在皮的边缘处沾点儿水，对半折叠起来，按自己喜欢的形状整理一下即可。饺子包完之后，就可以准备煎

---

① 日本人默认饺子皮都是用外面买的速冻产品。

锅了。

在锅内倒入芝麻油，充分加热后，把饺子并排摆在锅里，用中火煎烤。待饺子略带金黄之时，沿着锅边慢慢将4大勺水倒入锅内，盖上锅盖开始蒸。

蒸5分钟后打开锅盖，沿着锅边再倒入一些芝麻油，将火稍稍开大。

等到煎饺完全变得金黄酥脆时即可关火、盛盘。一开始不如先什么蘸料都不蘸，先吃几个尝尝看。一边咀嚼酥脆的饺子皮，一边品味略带腥味的恐龙肉和软烂、辛辣的麻婆豆腐彼此交融，真是令人食欲大增，十分上瘾。

葬火龙的大腿肉，看起来就是一根"大鸡腿"。

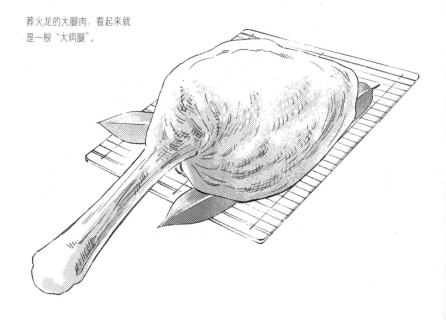

# 葬火龙麻婆豆腐煎饺

葬火龙的大腿肉略带腥气，
但和辣味融合起来就变得非常美味。
喜欢吃麻婆豆腐和喜欢吃饺子的人，
一定都会爱上这道菜。
在烹饪时，把豆腐中的水分压出是好吃
的关键所在。

【材料】（3 人份）

葬火龙大腿肉……150g
木棉豆腐……100g
辣椒粉……1 小勺
甜面酱……1 大勺
芝麻油……1/2 大勺

A
┌ 豆瓣酱……1 大勺
│ 大蒜（磨成泥）……1 小勺
│ 生姜（切成末）……1 小勺
│ 花椒粉……1/2 小勺
└ 淀粉……1 大勺

饺子皮……30 张
芝麻油……1 大勺
水……4 大勺
辣椒油……适量
酱油……适量

豆腐中的水分要充分压出。与此同时你还可以做其他的准备工作，或者用手动绞肉机将肉绞成肉馅。

**◆◆ 做法 ◆◆**

❶ 将葬火龙的大腿肉细细切碎，再剁成肉馅。把豆腐中的水分压出来，把大葱切成葱花。

❷ 将①和A装入大碗，用手一边搅拌一边将豆腐抓碎。

❸ 将②适量置于饺子皮上，在饺子皮的边缘沾一点儿水，对半折好，调整成喜欢的形状。

❹ 在平底锅内倒入一半的芝麻油并加热，将③并排摆在锅内，中火煎烤。待饺子略带金黄之时，沿着锅边慢慢将水倒入锅内，盖上锅盖蒸5分钟。

❺ 取下锅盖，将剩余的芝麻油沿着锅边倒入锅内，将火稍稍开大继续煎烤。煎到金黄酥脆即可盛盘，最后按个人喜好搭配辣椒油和酱油作蘸料即完成。

为小型恐龙的肉增添香气

# 烟熏伶盗龙腿肉 &
# 脆皮香草烤翅中

【古生物审校】兵库县立人与自然博物馆　久保田克博

伶盗龙偶尔也会攻击人类。

如果你买到这种危险恐龙的肉，第一要务就是处理它们身上的味道。

这次我选用了烟熏的做法，并借助了香草的力量，

做完后的肉鲜嫩多汁，赶快准备好啤酒享受一番吧！

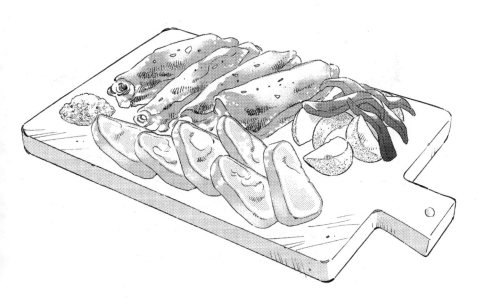

伶盗龙脚上的趾甲非常锋利，它们是行动敏捷的猎手。

## 当心脚上的利爪

伶盗龙✦全长 1.8 米，体重 20 千克，是一种小型恐龙，属于兽脚类中的肉食性恐龙。它们体形轻小，行动敏捷，脚尖上还长有十多厘米长的利爪✦。

你一定要当心它们的利爪，一个不小心，可就不只是被它们抓伤那么简单的了。

提起伶盗龙，一定会有人想起在系列电影《侏罗纪公园》中出现的迅猛龙。电影中的迅猛龙并非真实的伶盗龙，而是以伶盗龙的近亲为蓝本创作出来的。真实的伶盗龙比电影中的迅猛龙体形还要更小一些✦。

捕猎伶盗龙时，有的猎人会从远处用枪狙击，但若没能一枪毙命，就会遭到它们恐怖的反击。伶盗龙是很聪明的🖊，如果你能在发射下一发子弹之前就逃离现场那就没问题，不然它们就会找到你藏身的位置，发起攻击。

有经验的猎人都会趁深夜，伶盗龙睡着之时悄悄接近它们，在其嘴巴紧闭的状态下，先用绳索将其一圈圈地捆绑起来🖊，再用厚布把趾甲裹上带回来。这种捕猎的方式需要非比寻常的胆识和经验。

伶盗龙的大腿肉非常美味。这类恐龙平日在山野之间奔跑，因此大腿上的瘦肉力量强劲，比鸡肉更有弹性，这也是兽脚类恐龙的普遍特征。

兽脚类恐龙有肉食性的，也有植食性和杂食性的，伶盗龙属于肉食性。肉食性兽脚类恐龙的肉有一种独特的"哈喇味"，有点儿像氧化了的油脂🖊。

伶盗龙的前肢也可以吃。用鸡肉来比较的话就相当于鸡翅中的部位。它们的翅中低脂肪、低热量、高蛋白，可以说是非常理想的食材🖊。不过这里也带着一股味道。

但是它们这些肉虽然有味道，却很好吃。好好处理一下的话，是完全有可能成为一道极品美味的。


## 用狂野的烟熏手法处理大腿肉

买到伶盗龙肉之后，不妨找一种能够十足发挥它"野性味道"的烹饪方法吧！

烟熏是一种经典做法，虽然费时费力，但却能让肉的鲜味锁定其中，还能加入特别的熏肉香味，是最适合伶盗龙这种本身带有强烈腥味的食材的了。况且，"烟熏恐龙肉"，光是听起来就够浪漫的了。

我们首先要把要做烟熏的食材在食盐水里腌一腌，这样就能适度去除食材中的一部分水分，同时增加咸味。

这次的肉有点儿腥气，所以我们可以在食盐水中加入香叶和红酒。把所有给食盐水增添味道用的香草和香料加入后煮沸一次，就做成了腌肉的腌料，将肉浸泡在腌料当中腌制几天，充分去除肉中的盐分后拿出来晾干。

依据烟熏时的温度不同，烟熏做法可以分为冷熏、温熏和热熏三种。一听说熏肉，应该有人就会联想到食材失去水分，干巴巴的画面吧？这是因为这类食材采用的方法是温熏或冷熏，用相对较低的温度熏制了较长的时间，去除了食材中的水分，让食材得以长久保存。

但这一次，我想先不考虑保存的问题。为了充分发挥大腿肉味鲜、汁多的特性，我想选用高温、快速的热熏法。

热熏法虽然不能让食物长久保鲜，但却能让食材中的水分更好地得以保留。而且还有一点比较方便的是，热熏法不需要你准备多大的熏炉即可完成。

熏材我们选用的是樱花木。在腌料上我们已经下了不少功夫了，熏材就选香气简单一些的吧。

熏好后，把肉从熏炉中去除，散散热，用保鲜膜包裹起来。此时，你要按捺住急切的心情，把肉放进冰箱，静置一个晚上。冷藏后，熏肉的香气才会彻底进入肉质，滋味也会更加深沉。

怎么样，啤酒准备好了吗？

从冰箱里把伶盗龙的大腿肉拿出来，用刀切成片，搭配着日式的柚子胡椒辣酱品尝起来吧！

## 大快朵颐翅中肉

伶盗龙的翅中味道也很不错。翅尖虽然也可以吃，但伶盗龙的指尖有很锋利的指甲，吃起来就不太方便了。翅中就很安全，肉量够大，嚼劲十足。

处理翅中的腥气，我想用香草。丁香、鼠尾草和迷迭香都有去除异味、增进食欲的功效，我们需将这些香草切碎，再将翅中用刀划开几道切口，把香草塞进切口。

接着，用平底锅把翅中煎一煎。此时要多用一些油，让外皮炸至酥脆。

肉皮炸至金黄后，盖上锅盖焖5分钟，然后关火，静置20分钟，用余热继续加热食材。这种处理方式能让肉质不变硬，同时保住其中的汁液。

做好的烤翅中，请你一定要用手拿着尽情地入口吃。我向你保证，这道烤翅中和啤酒也是绝配！

伶盗龙的翅中(左)
和大腿肉(右)。

# 烟熏伶盗龙腿肉

未经加工时,伶盗龙肉具有强烈的腥味,
但烟熏做法可以去除这种腥味,
甚至能让它带上令人食欲大开的芳香。

【材料】(10 人份)

伶盗龙的大腿肉······2—3kg

A ┌ 水······800ml
　├ 盐······120g
　├ 黄砂糖······60g
　├ 香叶······2—3 片
　├ 黑胡椒、肉豆蔻······少许
　├ 洋葱 ( 切薄片 ) ······1/2 个
　└ 大蒜 ( 切薄片 ) ······少许
红葡萄酒······80ml
水、盐 ( 用于去除盐分 ) ······适量
柚子胡椒辣酱······适量

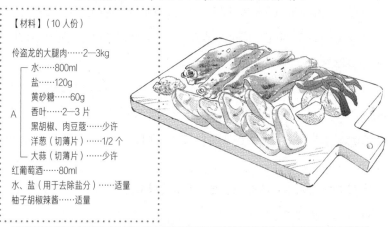

## ◆◆ 做法 ◆◆

❶制作腌料。在锅内将A混合,加热。煮开10—15分钟后关火,彻底冷却。

❷将伶盗龙的大腿肉切开,分 2—3 等份,在①中腌制,放入冰箱静置3—
　4 天。

❸将盐溶于水,水量大约没过大腿肉即可,盐为水量的5%。将②浸泡
　在盐水中 1 天,去除肉中的盐分。

❹将③放入烘干机干燥,或阴干一天。

❺将樱花木放入熏炉,开大火直到冒烟,冒烟后转小火,放入④,熏制
　45 分钟。

❻将⑤从熏炉中取出、冷却,包裹起来,放入冰箱冷藏一晚以上,让烟
　熏香气入味。切成薄片后盛盘即完成,可按喜好搭配柚子胡椒辣酱。

# 脆皮香草烤伶盗龙翅中

翅中也要先处理好味道。
烤好之后豪爽地大快朵颐吧！

【材料】（1人份）

伶盗龙翅中……1只
丁香……5g
迷迭香……15g
鼠尾草……15g
大粒盐……适量
橄榄油……适量
彩椒……1个
马铃薯……1—2个

◆◆ 做法 ◆◆

❶将丁香、迷迭香和鼠尾草切成碎末。

❷用叉子在各个角度给翅中的皮戳洞，
再用刀纵向划出几道切口，将大粒盐
和①揉搓在翅中表面和切口当中，静
置10—15分钟。

❸在平底锅内倒入大量橄榄油并加热，
煎炸②，偶尔翻面，煎至外皮酥脆。

❹转最小火，盖上锅盖焖5分钟，然后
关火，静置20—30分钟，利用余热将
翅中焖熟，取出。

❺将彩椒和马铃薯切成适口大小。

❻将④中遗留在平底锅内的肉汁过滤后
倒回锅内，开中火加热，煎⑤中的马
铃薯。煎至8成熟时加入⑤中的彩椒
炒熟。

❼将④盛盘，搭配⑥即完成。

不用太大的熏炉也可以制
作，在室外烟熏会比较合适。

角龙科恐龙的肉搭配蔬菜简直一绝

# 尖角龙牛蒡卷 & 芦笋炒颈肉

【古生物审校】冈山理科大学　千叶谦太郎

角龙科的尖角龙因其大规模群居而出名。

它们是植食性恐龙，所以肉也没有腥味，可以轻松享用。

我推荐它们脸颊和颈部的肉，这些部位嚼劲十足，不如和牛蒡、芦笋一起享用吧！

角龙科的尖角龙营群居生活。

## 规模上千的恐龙种群

如果你去美洲大陆，尤其是加拿大的荒野旅行的话，说不定能见到大规模的恐龙种群。

这些种群的规模一般都在几百头左右，大一些的有几千头之多⚡，绵延不绝，仿佛遍布至地平线的尽头。

这些种群的真面目，就是尖角龙⚡，是属于角龙科的恐龙。

角龙科是以三角龙⚡为代表的一类植食性恐龙，身体壮硕，四足行走，多数物种头上长有大小不一的角，脸颊向左右两侧张开，后颈部长有发达的颈盾。这些都是这一科恐龙非常出名的特征。

尖角龙成熟后体长大约 5.5 米。三角龙成熟后的个体有 8 米长的，相较之下尖角龙要小个一两圈，属于较为小型的恐龙。

不过虽说属于小型恐龙，但纵观角龙科的全部成员，尖角龙其实也不算太小。再和同样生活在美洲大陆上的哺乳动物比较一下，它们可比美洲野牛大多了。

角龙科的代表物种三角龙在鼻子和眼睛上方总共长有 3 只角。它们也因为这 3 只角而远近闻名。其中，鼻子上方的角最小，两只眼睛上方的角较大。

但尖角龙却正好相反，鼻子上方的角最大。而且，它们鼻子上的角太粗、太长了，把眼睛上的角衬托得仿佛只是两个凸起罢了。而且还有一点和三角龙不同的是，尖角龙的颈盾上也有几个形状奇怪的凸起。

在加拿大等地的荒野旅行时，你应该避免遭遇尖角龙群。它们虽然不会直接袭击人，但由于种群规模巨大，如果你被卷入其中还是有受伤的危险的。

当地有些人靠捕猎恐龙种群为生。

狩猎的方法很简单，猎人开着 SUV，大声鸣笛来分散恐龙种群，把它们分成适当的规模后赶到河边。尖角龙大都不会游泳，所以只能一只一只地跳入河中溺死。人们会把溺毙的个体打捞上岸，就地解剖。这种捕猎方法有些残忍，为了维护当地猎人的声誉，我先在此声明：溺毙的个体已经全部回收食用，而且只会猎捕必要的量。

### 用嚼劲十足的脸颊肉包裹牛蒡

尖角龙各部位的肉都值得品尝，不过这次我想先使用脸颊肉🗡。脸颊这个部位经常活动，所以肉质紧实、嚼劲十足、十分鲜香。

因此我想和同样具有独特嚼劲和风味的牛蒡一起组合。

首先，我们要将牛蒡切成 20 厘米长的段，用水汆烫，烫到用竹签能一下刺入中心的程度，即可倒入筛网，滤干水分。

在锅内倒入鲣鱼高汤、酱油、味淋和盐，煮开后，下入牛蒡继续煮 15 分钟。

煮牛蒡的时候我们来处理尖角龙的脸颊肉。首先切成厚 2 厘米，长 20 厘米的肉片，然后用菜刀的刀背拍打肉片。这么做是为了让肉舒展开来，便于后续包裹牛蒡。

牛蒡煮好后，用肉片绕圈包裹起来，最后用棉线系紧。这也是制作叉烧肉时的一大要领。

将卷好牛蒡的脸颊肉先用中火煎一下表面，锁住鲜味，再放入加了酱油、白酒、味淋、鲣鱼高汤和花椒籽的日式酱料当中慢煮，保持 70℃的温度煮 45 分钟。慢慢地让肉在酱料中加热，就能让肉质保持多汁。做好后静置一晚，然后切成适口的大小，最后搭配上葱丝和豆苗即可完成。


## 香味浓郁的颈肉搭配芦笋


我想让各位也尝尝尖角龙颈肉的滋味，也就是颈部的肉，这块肌肉支撑着它们巨大的头颅。尖角龙颈部的肉量大，而且鲜味浓郁。开句玩笑，这里也是许多大型食肉恐龙钟爱的部位✒呢。

这里的肉，我推荐各位搭配味道清淡、口感爽脆的芦笋。

先把颈肉切成 2 厘米宽的小肉块，加入白酒、盐和淀粉揉搓。

将芦笋也切成 2 厘米的小段，彩椒切块，也是 2 厘米左右。

然后在平底锅内加入姜末炝锅，接着放入颈肉、芦笋和彩椒爆炒即可。只加盐调味就足够了。

　　虽然步骤简单，但这道菜却将食材的美味发挥到了极致。

尖角龙的脸颊肉(右)和颈肉(左)。
这两个部位的肉香味都很浓郁。

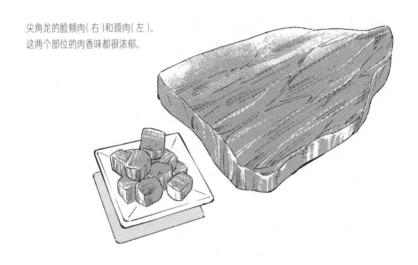

# 尖角龙牛蒡卷

这道菜用嚼劲十足的脸颊肉搭配牛蒡，
将两者的独特风味发挥得淋漓尽致。
牛蒡不要削皮直接使用，
以免破坏其香味。

【材料】（2—3 人份）

尖角龙脸颊肉……300g
牛蒡……1/2 根

A
┌ 鲣鱼高汤……300ml
│ 酱油……2 大勺
│ 味淋……1 大勺
└ 盐……少许

色拉油……适量

B
┌ 鲣鱼高汤……200ml
│ 酱油……150ml
│ 味淋……100ml
│ 白酒……150ml
│ 白砂糖……50g
└ 花椒籽……5g

大葱（切丝）……1/3 根
豆苗……少许

◆◆ 做法 ◆◆

❶将牛蒡切成 20 厘米长，用水余烫，当用竹签能一下刺入中心时捞出，
　倒入筛网。

❷将A倒入锅内煮沸，下入①，转小火煮15分钟，晾至室温。

❸将尖角龙的脸颊肉切成 2 厘米厚，20 厘米长的肉片，用刀背拍打所有
　肉片。

❹将②置于③上方，由下往上卷起，最后用棉线系紧。

❺在平底锅内倒入色拉油烧热，将④的表面煎至金黄。

❻在锅内倒入B加热，下入⑤，保持70℃的温度煮45分钟。整锅静置
　晾至室温后，放入冰箱静置一晚。

❼将⑥切成适口的大小盛盘，搭配葱丝和豆苗即完成。

# 芦笋炒尖角龙颈肉

尖角龙的颈肉连大型食肉恐龙也都
很钟爱，香气扑鼻，
和蔬菜搭配相得益彰。
为了能更好地感受食材本身的味道，
只用简单的调味料即可。

【材料】（2人份）

尖角龙颈肉……400g

A ┌ 白酒……1 大勺半
　 │ 盐……少许
　 └ 淀粉……1 大勺
芦笋……5—6 根
彩椒（红色）……1/2 个
生姜（切成末）……1 大勺
色拉油……2 大勺
盐……1 小勺

用脸颊肉将牛蒡卷好后，
用棉线系紧。

◆◆ 做法 ◆◆

❶将尖角龙的颈肉切成 2 厘米的肉块。

❷在碗中将①和 A 揉搓均匀。

❸将芦笋切成 2 厘米的小段，彩椒去蒂、
　去籽后，也切成 2 厘米的小块。

❹在锅内倒入色拉油加热，用生姜炝锅，
　出香味后下入②翻炒。一面炒出金黄色
　后翻面，背面也变色后下入③翻炒。全
　部炒熟后加盐调味即完成。

144

甲龙的"全身"都可以做成美味菜肴

# 炙烤绘龙舌 & 骨肉炖萝卜汤

【古生物审校】北海道大学研究生院　高崎龙司

冈山理科大学　林昭次

如果你想尝尝恐龙的舌头，那我向你推荐绘龙，
做法就用简单的炙烤就可以。
属于甲龙科的绘龙，不仅肉鲜味美，
连尚未成形的"铠甲"都值得一吃。
我们就用这个部位来煲汤吧！

绘龙的幼体，其背部的骨甲还
未长成，非常美味。

## 畜牧养殖的甲龙

如果你去到郊外稍微远一点儿的地方，说不定可以见到在广阔的
牧场上自由散步的甲龙科恐龙。种群多大都是幼龙，大一些的全长 3
米左右，高差不多 60 厘米。它们几头几头地聚在一起，朝相同的方向
缓慢踱步🔪。

那些都是绘龙🔪。一说到甲龙科，图鉴里最出名的应该要数大面甲
龙🔪了，不过，大面甲龙的体形算是甲龙科里最大的，一般没听说过
有人饲养。从体形和习性上考虑的话，人们基本上都认为绘龙比较便
于饲养🔪。

绘龙的学名为"Pinacosaurus"，其中的"Pinaco"是希腊语的"板子"
之意，也就是说，绘龙的学名直译应该是"长板子的蜥蜴"。为什么说它
们"长板子"呢？是因为它们从脊背到尾巴都覆盖着一层硬板，这层板
子叫作骨甲。

绘龙成熟后，全长可达 5 米，体重能长到 1.9 吨，脊背上多片骨甲相交，
体侧还有好几个刀刃般的凸起，尾巴末端则长有瘤状的骨槌。

不过在牧场放牧的绘龙很少有这么大的，大都是幼体或者亚成体。

幼体和亚成体的绘龙，和成体在外表上有很大不同。它们的尾巴末端没有骨槌，骨甲也还没长成形，只有脖子后侧附近的骨甲摸得出来✒。

另外，人们之所以放牧甲龙，是因为它们平时运动量不足。不只绘龙，所有甲龙科的恐龙都是植食性的，但却不怎么吃普通的禾本科植物饲料✒，到了喂食的时间，只能带它们去牧场吃精饲料。

到了绘龙的牧场，放眼望去，你只能见到幼体和亚成体，这也是有理由的，因为这种恐龙，越是年幼就越好吃，因此人们除了留下一部分个体用于繁殖以外，剩下的基本都会在成熟之前就卖掉。


## 肉质紧实的炙烤恐龙舌

绘龙的幼体和亚成体，有很多部位都可以作为食材。

最出名的就是它们的舌头。

绘龙的舌头可能比不上牛舌好吃，但也含有不少瘦肉✒，非常发达，质量很高，越咀嚼越能尝出其中的鲜美。

若想充分品味绘龙舌头的滋味，我认为还是简单的炙烤最为合适。

买到绘龙舌头之后，首先你要用盐和胡椒涂满其表面，多撒点儿盐，这样在煎的时候就不会粘锅了。

在平底锅里倒入色拉油，烧到你可能都觉得有点儿过热的时候再下入舌肉，煎至金黄即翻面，然后转为中火，煎炸至舌肉内部也熟透。

煎好的舌肉，你可以这样直接吃，也可以蘸酱吃，但我推荐你再做一份大葱烧烤酱。你可以在煎舌肉的同时，将切好的葱段、盐、胡椒、芝麻油和柠檬汁混合起来做成烧烤酱，直接大量浇在刚刚煎好的舌肉上即可。

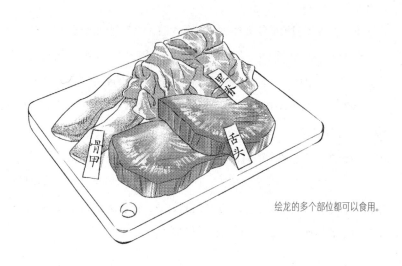

甲壳

舌头

骨甲

绘龙的多个部位都可以食用。

## 充满胶原蛋白的骨甲和香味浓郁的瘦肉

　　绘龙的背部在骨甲未长成之前富含胶原蛋白，味道很像牛筋和甲鱼的融合🍴。等到绘龙长大、成熟，骨甲完全长成之后就无法食用了。因此想吃这个部位的话，就必须选择幼体或亚成体的绘龙。

　　烹调（未成形的）骨甲时，需要先用沸水氽烫骨甲，以去掉骨甲中的腥味。此时沸水要比冷水的去腥效果更好。去腥之后，将骨甲投入水中再次煮沸，然后切成适口的大小。

　　绘龙的肉也是很好吃的，瘦肉丰富，味道犹如金枪鱼的脸颊肉🍴。在烹调时，首先要用热水把表面烫一烫，锁住鲜香，然后擦去水汽。

　　接着，将白萝卜切成滚刀块，焯熟。然后将酱油、白酒、味淋和生姜加入清水并煮沸，下入骨甲、肉、白萝卜块和大葱，最后再加点儿鲣鱼高汤调味，大火熬煮。

　　做好后，将汤盛出，摆上姜丝装饰即完成。绘龙的骨甲和肉软烂到仿佛溶解在了汤汁当中，白萝卜吸饱了骨肉的鲜香，味道堪称极致。

# 炙烤绘龙舌

恐龙的舌头越嚼越鲜香,通过这道菜,
你能感受到它们紧实的肉质。
这道烧烤,你可以搭配大葱烧烤酱一起享用,
切成适合用筷子夹着一口吃掉的大小,
和下一页上的炖萝卜汤一起端上餐桌吧!

【材料】(1 人份)

绘龙的舌头……200—300g
盐……1 大勺
胡椒……少许
色拉油……1 大勺

A
大葱(切成末)……1 根
柠檬汁……1/2 颗
芝麻油……3 大勺
盐……少许
胡椒……少许

◆◆ 做法 ◆◆

❶用盐和胡椒涂满绘龙舌头的表面。

❷在平底锅内倒入色拉油,大火加热至冒烟。加入①煎烤,煎至金黄后
翻面。转为中火,煎3分钟左右。

❸将 A 放入碗中搅拌均匀。

❹将②盛盘,大量淋上③即完成。

# 绘龙骨肉炖萝卜汤

绘龙骨甲内含满满的胶原蛋白，
再加上紧致的瘦肉，
把这些和白萝卜一起炖成汤，
细细品味吧！
千万别忘了要先去除原料的腥味。

## ◆◆ 做法 ◆◆

❶ 将绘龙的骨甲和大量清水倒入锅中，开
火加热。煮开后立即取出清洗，再次与
大量清水一起倒入锅内，小火炖煮，随
时撇去血沫。炖煮 1.5—2 小时捞出，切
成适口大小。

❷ 煮一锅沸水，将绘龙的肉放入，煮至表
面泛白后捞出，擦去水汽。

❸ 将白萝卜切滚刀块，焯水。将大葱切成
3 厘米长的葱段，生姜 1 片连皮切成薄片，
另一片切掉外皮，切成姜丝。

❹ 在锅内下入 A 和③中的姜片，加热，煮
沸后加入①、②和③中的白萝卜和大葱
继续熬煮。白萝卜变软后关火，等待完
全冷却。

❺ 盛入碗中，摆上姜丝装饰即完成。

把骨甲焯熟后，用流水洗去表面
的浮沫和脏污。

【材料】（3—4 人份）

绘龙的骨甲……150g
绘龙的肉……300g
白萝卜……1/2 根
大葱……2 根
生姜……2 片

A ┌ 鲣鱼高汤……6 杯
  │ 酱油……2 大勺
  │ 白酒……1 大勺
  └ 味淋……1 大勺

"恐龙菜肴" 的代表

# 亚冠龙烤肉

【古生物审校】冈山理科大学　千叶谦太郎

亚冠龙的尾巴可以说是最容易买到的恐龙肉了。
如小牛肉一般口感软嫩、味道清爽，这是它的一大特色。
不如就在烤箱中炙烤一番，搭配红酒和浓香酱料享用吧!

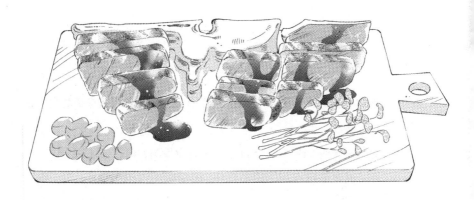

亚冠龙属于鸭嘴龙科,
可在养胖后食用。

## 最容易饲养的恐龙

畜牧业养殖着各种各样的恐龙,这些恐龙的肉最后就会成为我们餐桌上的佳肴。

这其中普通人最容易买到的,就是植食性的鸭嘴龙科恐龙的肉。

属于鸭嘴龙科的恐龙都用四足行走,嘴如鸭子嘴般扁平,因此在英文中也叫 "Duck-billed dinosaurs",也是"嘴巴如鸭子的恐龙"之意。

贩卖鸭嘴龙科恐龙肉的店铺如此之多,想必也是因为它们容易饲养了。

首先，它们是植食性恐龙，完全无须担心它们攻击人类。

其次，这个科的许多物种都能长到接近 10 米，饲养起来性价比极高。

最后，饲料的选择也并不困难。不同种类的饲料会影响肉品的味道，因此饲料是非常重要的一点。

鸭嘴龙科恐龙牙齿和下颌的结构格外出众。和其他无数种植食性恐龙相比，它们能更加高效地取食各类饲料🍴。虽然它们吃不了禾本科的牧草🍴，但畜牧业者可以在以玉米等谷物为主料的精饲料的基础上，自行调配饲料来进行投喂。

在鸭嘴龙科的恐龙中，我这次想特别介绍的就是亚冠龙🍴。这种恐龙很受欢迎，说不定我的读者中就既有吃过的人，也有一直想吃的人呢。

亚冠龙是鸭嘴龙科下属的赖氏龙亚科中的一员，成熟之后可长到全长 8 米。

赖氏龙亚科的恐龙，大多数头部都顶着头冠。亚冠龙也一样，头上长有一个板状头冠，样子酷似赛文奥特曼。当然，恐龙的头冠不像赛文奥特曼的头镖一样能投掷出去，而是会随着恐龙的成长而逐渐长大，因此，在饲养过程中，也被人们当成判断恐龙年龄的标准。在店铺里售卖的亚冠龙肉，一般都来自比较年轻的恐龙。

鸭嘴龙科下设两个亚科，一是名称相同的鸭嘴龙亚科，二是赖氏龙亚科。赖氏龙亚科的恐龙和鸭嘴龙亚科的恐龙相比，脊椎骨更长，因此脊背上的肉也就发育得更好。

这次，我们做菜使用的就是属于赖氏龙亚科的亚冠龙尾巴上的肉🍴。

### 嚼劲十足的烤恐龙肉

在日本，店里贩卖的亚冠龙尾肉基本上都已经切除掉脂肪了。如果你买到的肉上还有残留的脂肪，最好在烹饪前切除干净。有些欧美人喜欢相对厚实的皮下脂肪，但日本人恐怕都吃不惯这种味道吧。

接下来，就来挑战一下这道烤恐龙肉吧！

首先，在亚冠龙肉的表面撒上盐和粗黑胡椒粉，用手将其铺开，仔细揉搓入味。

将平底锅充分预热，放入肉，经常翻动，让两面都煎成金黄色。这样烤肉，肉汁就能紧锁其中。

接着，准备另一个锅，将红酒、洋葱和香叶下入，煮沸后倒入碗中，静待散热后，将肉也放入碗中，浸泡3小时左右。

下一步，在肉的上下两端分别摆上香叶和百里香，在用锡纸将整体包裹起来，此时要注意包裹两层，这样就可以防止肉汁漏出。包好后，

亚冠龙的尾肉。

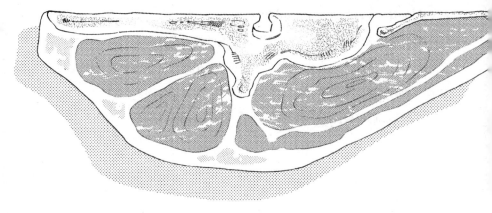

放入烤箱，160℃烧烤 1 小时。烤好后，不要取下锡纸，先在室温下静置 30 分钟。

烤肉的同时，我们可以将碗中的红酒倒回锅内，加入黄油、盐进行熬煮，制作酱料。

别忘了准备配菜。将胡萝卜切成橄榄形的小块，在锅内加入水、黄油和白糖一起煮开，做成糖渍萝卜。

最后，将烤肉切成片，在摆盘时最好也能注意视觉效果。如果用的是带骨的肉，也可将骨头一并摆盘。在肉的旁边摆好西洋菜和糖渍萝卜，再在肉上淋上酱料，这道烤肉就做好了。红酒和黄油的醇香与甘甜，为亚冠龙尾肉的软嫩、清爽的口感增添了浓郁的层次，一定会让爱好肉食的人无法抵御。

# 亚冠龙烤肉

烹饪的要点是防止肉汁遗漏。
带着骨头一起摆盘也别有一番乐趣。

【材料】（5—6 人份）
亚冠龙的尾肉……2kg
盐……2 大勺
粗黑胡椒……3 大勺
色拉油……50ml
红葡萄酒……1000ml
洋葱（切薄片）……2 个
香叶……5 片
百里香……8 枝
A ┌ 黄油……20g
  │ 蜂蜜……5 大勺
  └ 盐……3 大勺
胡萝卜……1 根
黄油……5g
白砂糖……1 大勺
水……适量
西洋菜……少许

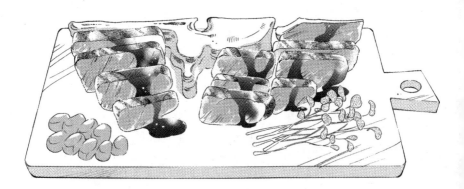

为了防止肉汁遗漏，在用锡纸包裹肉的表面之后，再在外层包第二层锡纸。

◆◆ 做法 ◆◆

❶如果亚冠龙的尾肉带有皮下脂肪则切除干净，在肉的表面撒上盐和粗黑胡椒粉，用手将其均匀铺开并搓揉。

❷在平底锅内倒入色拉油，加热至少量冒烟后下入①，一边翻面一边煎至整体呈现金黄色。

❸在另一个锅内倒入红酒、洋葱、香叶，煮沸后倒入碗中。静置散热后加入②，浸泡 3 小时左右。

❹在锡纸上摆放一半的香叶和百里香，然后将③置于其上，再将剩余的香叶和百里香摆在肉上，用锡纸包裹好。为了防止肉汁遗漏，再在其外层包第二层锡纸。

❺将烤箱预热至 160℃，将④放入，烤 1 小时左右。烤完后在室温下静置 30 分钟。

❻制作酱料。将③中泡过肉的红酒和 A 倒入锅中开火加热，收汁至原来的 1/3。

❼用胡萝卜制作糖渍萝卜。将胡萝卜切成橄榄形，锅内加入切好的萝卜、黄油、白糖和没过食材的水，开火加热。煮开后转小火，继续熬煮 20 分钟左右。

❽将⑤切成薄片，摆上⑦和西洋菜，淋上⑥即完成。

店家推荐

时价

超人气

新生代 篇

法式橙汁嫩煎巨齿鲨 &
清炖鱼翅

约瑟夫巨豚爽口烤肉卷

索齿兽咖喱

## 犹豫不决时的首选

天妇罗蘸汁腌卤冠恐鸟

罗勒酱烤走鲸

陆行海牛排骨面

## 产地直送

鞑靼曙马肉排

恐毛猬时雨煮

酸梅蒸克勒肯鸟

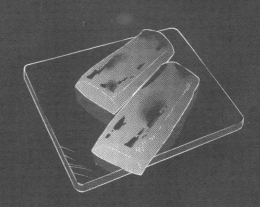

**古生物食堂** 22

品尝口感滑嫩的巨鸟大腿肉

# 天妇罗蘸汁腌卤冠恐鸟

【古生物审校】兵库县立人与自然博物馆　田中公教

冠恐鸟的大腿肌肉发达，味道有点儿像雉鸡或者鸭子，备受人们的喜爱。

我相信肯定也有不少读者吃过它们的肉吧。

这次，我打算用天妇罗的蘸汁来处理冠恐鸟肉，

做成一道适合搭配荞麦面一起吃的日式菜品。

冠恐鸟虽然看起来有点儿
吓人，但却是食草动物。

## 目标是粗壮的后腿

　　冠恐鸟✦是身高高达 2 米的庞然大物，具有巨大的鸟喙，两腿又粗
又长，力量强劲，但它们的翅膀却很小，是一种不会飞的鸟。

　　冠恐鸟平时都在陆地上奔跑，因此大腿的肌肉非常发达，肉量巨大
且嚼劲十足，但味道却毫无腥气，是很多人钟爱的食材。相信很多人都
在餐厅的菜单上见过它们的名字吧！

　　冠恐鸟跑动速度很快，对疼痛也并不敏感，所以如果你对自己的捕
猎技术没那么自信的话，最好不要用枪。万一没能一击毙命，它们一下

子就逃走了。而且使用霰弹枪还会损伤它们的肉质，我很不推荐。

一般来说，有经验的猎人即便在白天见到它们的身影也不会马上行动。他们会拉开一段距离尾随猎物，等待日落时分。太阳落山之后，等到周边环境暗下来时，冠恐鸟的行动也会和其他大多数鸟类一样变得迟缓起来。

此时，你就可以拿着黑色的布袋悄悄接近，迅速将布袋整个套在猎物头上了。捕猎的关键在于从后方接近猎物。虽说它们这个时候行动迟缓，但你还是得当心它们巨大的鸟喙和强有力的后腿。

不过，冠恐鸟本身是一种食草动物，因此无须担心它们主动袭击人类，但这并不是说它们不会反击，所以还是小心为妙。

有时候，卖肉的店铺给一些极为相似的肉品贴上"不飞鸟"的标签。"不飞鸟"的肉和冠恐鸟肉看起来极为相似也是理所当然的，因为它们根本就是同一种鸟的不同名字罢了。


## 处理肠道是第一要务

不只冠恐鸟，过去人们处理很多种鸟类的肉时都喜欢发酵熟成到临近腐烂再吃，但近些年，反而有越来越多的人喜欢吃新鲜的肉品了。

当然，像冠恐鸟这么体形巨大的动物，也很难长久保存，基本上都是在捕获后立即食用，不耽误时间。如果条件允许，你也可以一直把黑布套在它们头上，养到吃之前再宰杀都可以。

冠恐鸟的肠道可能会感染细菌，而且，肠道中残存的排泄物也可能会将异味转移到肉品当中，因此在宰杀之后，要立即用弯刀之类的器具从它们的肛门把肠道拉出来，并用酒精消毒肠道所在的位置。如果你有机会买到一整只完整的冠恐鸟（虽然这种可能性很低），请先确认肠道是否已经去除。

冠恐鸟的大腿肉广受各个年龄层食客的喜爱。在本书介绍的各类古生物食材中，也属于受欢迎程度排前几名的了。

它们如此受欢迎的理由，从生物分类上就可见一斑。光凭外表可能很难发现，但这种鸟其实是雉鸡和鸭子的近亲。食用冠恐鸟是最近几年才开始的新风潮，但人们食用雉鸡、鸭子的历史可就久远多了，还开发出了各式各样的吃法。这些经验，也完全可以套用到冠恐鸟身上。

你可以把冠恐鸟的大腿肉直接
套用到雉鸡和鸭肉的菜谱中。

### 在热乎的天妇罗蘸汁中腌卤

冠恐鸟身上最受人欢迎的部位当属大腿了。

大腿肉的烹饪方法也有很多，这次我想介绍的，是利用天妇罗蘸汁作为辅料，做成的一道日式菜品。

首先，我们要把盐和花椒撒满冠恐鸟大腿肉的表面，然后将肉放进平底锅煎烤，再淋上热乎乎的天妇罗蘸汁，利用蘸汁的热度让肉熟透。

这道菜的关键在于，要准备分量恰到好处的天妇罗蘸汁，正好将大腿肉没过。如果蘸汁过多，会让肉过热、变硬，过少的话，肉则根本熟不透，所以请大家依照购入肉的多少来进行判断，随时调整菜谱中的数字。

接着，将淋满天妇罗蘸汁的肉静置一夜。静置一夜后，天妇罗蘸汁的风味就可以充分渗入肉中。把肉切成适口大小的肉片，你能看到连内部都变得湿润、软嫩起来。这道天妇罗蘸汁腌卤冠恐鸟不但适合做白米饭的配菜，搭配荞麦面来享用也未尝不可。

# 天妇罗蘸汁腌卤冠恐鸟

将肌肉发达的大腿肉做成高雅的日式菜品。
先用火将肉煎到半熟，
然后使用天妇罗的蘸汁让肉熟透。
蘸汁的用量既不能多，也不能少，
请根据购入的肉量灵活调整。

【材料】（2 人份）

冠恐鸟的大腿肉……300g
黍砂糖……10g
味淋……18ml
酱油……180ml
盐……少许
花椒……少许
鲣鱼高汤……500ml
大葱（切成 5 厘米的葱段）……1 根
小尖椒……2 个

将天妇罗的蘸汁煮开后，一口气全部淋在肉上，然后立即用锡纸包裹保温，借此热量让肉熟透。

◆◆ 做法 ◆◆

❶制作调味卤。将味淋倒入黍砂糖中煮沸1分钟左右，然后倒入酱油，关火。静置一周左右。

❷将冠恐鸟的大腿肉切成适口大小，用叉子在外皮各处上戳出小孔，接着在肉的表面撒满盐和胡椒，静置20分钟。

❸制作天妇罗的蘸汁。将鲣鱼高汤和100毫升的①混合均匀。

❹将平底锅预热，将②肉皮朝下放入锅内，在煎至金黄之前先翻面一次，煎至金黄后再翻面，慢慢煎到肉皮呈现金黄色。在此过程中，要勤用厨房纸巾擦去煎出的油脂。煎好后盛出，放入碗中。

❺在锅内倒入③，大火加热煮沸。煮沸后一口气全部倒入④的碗中，用锡纸密封。静置降温至室温后放入冰箱，冷藏一晚。

❻用烤架缓慢煎烤大葱和小尖椒。

❼将⑤切成适口大小的肉片，盛盘，搭配⑥即完成。

满口只留清爽风味

# 罗勒酱烤走鲸

【古生物审校】大阪市立自然史博物馆　田中嘉宽

在过去，鲸鱼的祖先是生活在陆地上的，随着进化，
它们的栖息地也逐渐转移到了水中。

走鲸又被人称为"梦幻鲸鱼"，是一种处于进化途中的动物。

据说，它们的肉比牛肉更带有一种温润的极致滋味。

这次，我很幸运地买到了一块走鲸里脊肉，
就尝试用罗勒与松子一起做成酱料，做一道罗勒酱烤肉吧！

走鲸是一种古鲸，别名"长毛的鳄鱼"。

## "长毛的鳄鱼"的肉

鲸鱼肉一般都是颜色深沉的瘦肉，做成刺身来吃，味道和普通的鱼肉截然不同。说不定有不少人喜欢把鲸鱼肉做成炸肉块来吃。

在爱好鲸鱼肉的食客之间流传着一种"梦幻鲸鱼"，那就是走鲸🍴。一般在鲸肉市场上比较多见的是小须鲸，走鲸的肉虽然和小须鲸并无很大的不同，但其中"霜"（白色脂肪的部分）的含量更多。

追溯起来，走鲸虽属鲸类，却属于古鲸亚目🍴，和小须鲸、长须鲸等鲸鱼的外貌大相径庭。

所有了解走鲸的人，恐怕都会这样来形容它们的外貌：

"这家伙不就是长了毛的鳄鱼嘛！"


## 栖息在岸边，而非海底

走鲸的身体全长大约 3.5 米，其中光尾巴就占了 80 厘米。它们头部细长，身体也修长，但四肢却很短小，而且全身体表被毛。

管它们叫"长毛的鳄鱼"其实贴切得很。全身覆盖着一层毛发✐的话，看起来确实和鳄鱼有几分相似呢。

而且，走鲸和鳄鱼的相似之处也不只外貌。它们的栖息地是海岸，尤其是河口附近，和鳄鱼一样，走鲸的眼睛也长在头顶，会将身体的一多半没入水下，只把眼睛露出水面观察周围的情况，还会伏击、捕食靠近水边的小型哺乳动物✐。

因此，走鲸是一种比较危险的动物，光靠一般的手法肯定是搞不到它们的肉的，而且能买到的肉量也远不及小须鲸等鲸鱼，也正是因此，它们才被人们称为"梦幻鲸鱼"。


## 处在进化的过渡阶段

这种不可思议的动物，到底哪里像鲸鱼了？

首先，走鲸的耳朵长成了适合水栖的构造，相比空气中的声音，它们的耳朵更适合收听在水中传播的声音。这是现生鲸类和古鲸类的共同特征。走鲸属于古鲸亚目，是比小须鲸等更加原始的动物物种✐。

在古鲸亚目当中，既有比走鲸更加原始的物种——外形似狼，既能用修长四肢在陆地上奔跑，也能在水中游泳，也有比走鲸更加靠近现代的物种——四肢已经完全演化成鳍，肉质也和现生鲸鱼别无二致。

而走鲸，则是处于从原始的陆生种到后来的海生种之间、相当于过渡的物种。


## 肉质比牛肉更加温润

这次我们买到的是走鲸的里脊肉。

完全适应水生生活的现生鲸鱼和处在进化途中的走鲸，虽然同属鲸

和习性相近的鳄鱼相比，走鲸的肉瘦肉更多，而和小须鲸相比，走鲸的肉脂肪更多。

类，但在味道上也是有差异的🍴。

走鲸肉的肉质比牛肉更加温润，但却比不上羔羊肉，有时候还是会带点儿腥味。

因此，这次我决定利用罗勒酱，做一道厚切走鲸肉排。酱料清爽的香气不但能遮住肉腥味，还能让肉的鲜味最大限度地散发出来。

走鲸肉可是很难买到的肉，机会难得，在放入烤箱之前我们就多下点儿功夫吧。

首先，在平底锅内放入黄油，把肉的两面稍微煎一下。这么做就可以把肉汁锁在肉中，让烤出来的肉不会变硬，保持湿润。

里脊肉烤好后，刀子刚一切下去，无比丰富的肉汁就会喷溅而出，这个时候，就裹上酱料，悠闲地好好品味吧！

鲸鱼身上可以食用的部位非常多，甚至可以说是"处处都是宝"。走鲸是不是也是这样呢？虽然这次我只做了里脊肉的部分，但如果将来有机会🍴，请你也用各式各样的做法，尝尝看其他的部位吧。

# 罗勒酱烤走鲸

好不容易买到了走鲸的肉，就做一道烤肉
大快朵颐吧！
先将肉的表面稍微煎一下，锁住肉汁，
再用烤箱烤熟。利用罗勒酱，
就能将肉食动物身上常有的腥气盖住。
松子的香味，和烤肉也十分相配。

### ◆◆ 做法 ◆◆

❶先将烤箱预热到 170℃。

❷在走鲸里脊肉的表面撒一层盐和胡椒。

❸在平底锅内放入黄油，加热，在黄油开始融化时
放入肉，煎至金黄后翻面，将另一面也煎至金黄。
此时倒出煎出的肉汁备用。

❹将③送入烤箱烤 10 分钟。

❺制作酱料。将松子倒入破壁机打碎，加入 A，搅
拌成糊状。

❻过滤③中的肉汁，适量倒入⑤中混合、搅拌。

❼将肉盛盘，淋上⑥即完成，还可以按个人喜好搭
配时令蔬菜和蘑菇。

送入烤箱之前，先将肉
的表面稍微煎一下。

【材料】（1 人份）

走鲸的里脊肉……150—200g
盐……少许
胡椒……少许
黄油……1 片
松子……50g
A ┌ 罗勒叶……40g
  │ 大蒜……1 瓣
  │ 橄榄油……1/2 杯
  └ 焯熟的蔬菜、烤熟的蘑菇等……适量

尽情地大口吃肉吧

# 陆行海牛排骨面

【古生物审校】大阪市立自然史博物馆　田中嘉宽

大碗上放着一大块魄力十足的排骨肉——这是在盛产陆行海牛的地区，人们非常钟爱的一种拉面。

陆行海牛的肉经过蒸煮，变得无比软烂，

而从皮、骨中熬出的汤头更是滋味十足。

面条吸饱了这样美味的汤汁。

如果你能买到陆行海牛肉，就赶快做来试试吧！

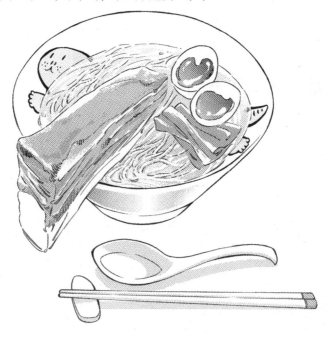

长有四肢的海牛——陆行海牛。

## 易于捕捉的"最原始海牛"

肯定有不少人喜欢吃带有地方特色的拉面吧！札幌的味噌拉面、博多的猪骨拉面就不用说了，还有白河拉面、佐野拉面、竹冈式拉面、燕三条系拉面、富山黑拉面、台湾牛肉面、德岛拉面、熊本拉面……简直不胜枚举。

然而，就算是"拉面发烧友",吃过陆行海牛🍴排骨面的人应该也不多，陆行海牛排骨面属于"地区特供"的美食，应该只在行家那里才有耳闻。

陆行海牛是属于海牛目的哺乳动物。海牛目中最出名的动物当属儒艮了，而提起儒艮，人们脑海中浮现出的一般都是它们躯体粗长、胸鳍、尾鳍短粗的样子。

但陆行海牛却不一样。它们的躯体也是粗长的，但四肢却十分发达，因此能在陆地上行走，这一点和儒艮不同。不过，陆行海牛虽然能在地上走，它们在水中度过的时间却比在陆地上度过的时间长，因此也被认为是海牛目中最原始的物种✐。

捕获陆行海牛本身并不难，毕竟它们在水中行动迟缓，在陆地上也不太机灵，只要你抓住它们爬上岸的时机，或者从水里把它们驱赶上岸，就能轻松捕捉了。

虽说陆行海牛排骨面是地方美食，但陆行海牛的肉在别处还是可以吃到的，卖肉的超市虽然不多，但多少还是有的。

要是你也能买到陆行海牛的肉，不妨来做一道极具地方特色的拉面试试看吧！这次，我就把我在地方上认识的一位厨师亲传的菜谱公开给大家。

## 肋骨周围肌肉发达，可蒸熟食用

吃陆行海牛肉首选肋骨周围的位置，也就是排骨肉。其他的部位当然也不差，但做拉面的话，用排骨是最好的。

陆行海牛的排骨比猪排骨粗，肉质自然也紧实得多。

而肉呢，味道像是猪肉和牛肉的结合体✐。

为了最大限度上发挥出食材的滋味，我们最常用的做法是焖蒸。

焖蒸的做法也有很多，这次我们先将肉的表面稍微煎一下，然后和腌料一起放入平底的铁盘，连肉带盘地一起放进蒸锅焖蒸。

虽然焖蒸法费时费力，但和直接开火炖煮相比，肉不会变得很咸，还能带上入口即化的软烂口感。

焖蒸两小时后，把肉取出来静置一晚，味道就充分进入肉质当中了。

当然，这样蒸出来的陆行海牛肉已经可以直接当菜吃了。在产地，也有不少人喜欢把它当小菜，就着米饭吃。


## 制作拉面时要严守时间

陆行海牛身上好吃的部位可不只排骨。机会难得，不如也把其他部位利用起来，做一道"全海牛宴"吧。

这样的话，拉面就是再合适不过的了。

拉面可以把各种各样的食材集中到一个大碗当中，烹饪时请务必严守时间。

制作拉面的每个步骤所花费的时间都是经过严密计算的。煮面的时间、熬汤头的时间、在腌料里腌肉的时间……每一个步骤的时间都请按照菜谱严格遵守。不只陆行海牛排骨面是如此，各种拉面都是如此。

汤头是用陆行海牛腿部的骨头（相同部位的猪骨又叫"大棒骨"）以及厚实的皮熬出的高汤✐。你可以从市场的干货区买到干燥后的海牛皮，要记得在烹饪前用火稍微烘烤一下，这样既可以去除肉的腥气，也可以增加芳香，可谓是一石二鸟。在你吃拉面的同时，陆行海牛肉的脂肪还会溶解在汤中，改变汤头的味道，请你细细品味。

面条粗细均可，我个人比较推荐细面。面条吸饱拉面的汤汁，你也能感受到陆行海牛肉满满的鲜香了。

不过话虽如此，粗面也让我难以割舍，毕竟巨大的排骨看起来如此豪迈，而粗面细腻的口感，和肉简直不相上下。而且在你大口吃肉的时候，粗面也不会变坨。

因此面条就请你自己根据喜好选择吧！

至于菜码，我推荐菠菜或者水煮蛋，这些食材和陆行海牛肉堪称绝配。

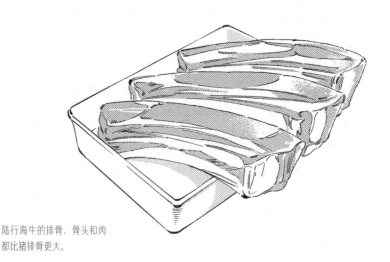

陆行海牛的排骨，骨头和肉
都比猪排骨更大。

# 陆行海牛排骨面

陆行海牛的排骨发达，
我们不如就拿它们排骨附近的肉做成排骨面吧，
一看就很有震撼力！
请注意按照菜谱，严守煮面和熬汤的时间。

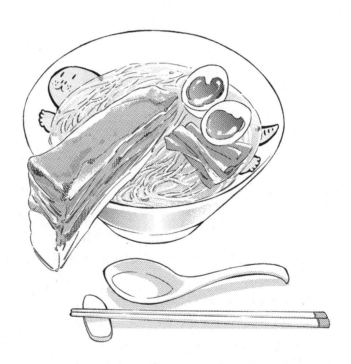

◆◆ 做法 ◆◆

< 预先准备 >

❶制作熬煮汤头用的料汁。将 B 倒入锅中煮沸，冷却后放入冰箱冷藏数天。

❷将陆行海牛的排骨切成几份，每份大致 200 克。在锅内放入排骨肉、
   大葱，加入足以没过食材的开水，煮 30 分钟左右，然后将排骨肉盛出
   放入别的容器，放入冰箱冷藏一晚。


< 焖蒸排骨 >

❸制作腌制排骨用的腌料。在锅内倒入 A，开大火熬煮。煮沸后转小火，
   煮 15 分钟。

❹在较深的平底铁盘中倒入②和③，并用锡纸覆盖，然后连同铁盘一起
   放入蒸锅，焖蒸两小时，最后将肉与腌料一同放入冰箱冷藏一晚以上
   即可食用。


< 烹制拉面 >

❺熬制汤头。将肉皮用喷火枪稍微烘烤一下，大腿骨用开水焯 30 分钟后
   用流水清洗，用锯切割。将肉皮、大腿骨和清水一起倒入锅中，开大
   火熬煮 1 小时左右，随时撇去浮沫，最后加入切成适口大小的洋葱、大葱、
   生姜和大蒜，继续熬煮 3—4 小时。

❻将④的排骨连同腌料一起倒入锅中，稍微加热。

❼煮面时请参考包装袋上的提示，煮成喜欢的硬度。在大碗中加入①的
   料汁 20 毫升左右（可按喜好增减），并倒入⑤的汤头适量，最后放入
   煮好的面条。在碗中摆上⑥，再按个人喜好放上水煮蛋、菠菜等菜码
   即完成。

180

【材料】（10 人份）

＜排骨＞
陆行海牛的排骨……3kg
大葱（葱叶部分）……3 根
A
┌ 生姜（切成末）……50g
│ 酱油……1.5l
│ 味淋……1.3l
│ 料酒……400ml
│ 白兰地……200ml
└ 白砂糖……400g

＜拉面＞
陆行海牛的肉皮（干燥后）……1kg
陆行海牛的大腿骨……1.5kg
B
┌ 酱油……300ml
│ 日本酒……150ml
└ 盐……少许
水……5l
洋葱……1 小个
大葱（葱叶部分）……1 根
生姜……1 片
大蒜……2 瓣
面条……1.5kg（根据喜好选择粗面
或细面）
水煮蛋、菠菜等……适量

锡纸

平底铁盘中
浸泡着腌料的肉

水蒸气

开水

把肉和腌料一起放入平底的铁
盘，连肉带盘地一起放进蒸锅
焖蒸。

生食最原始的马肉

# 鞑靼曙马肉排

【古生物审校】国立科学博物馆　木村由莉

曙马是一种原始的马，以树叶为食。

它们和一般的马肉不同，口感更为柔软，味道更为清爽。

接下来这道菜品能直接让你体验到鲜肉的滋味，

推荐给各位口味挑剔的马肉爱好者。

曙马足趾的数量是它们
的特征，体形只有犬的
大小。

## 中型犬大小的马

想吃一些口味不同的马肉。

酷爱马肉的食客，我想给你们推荐曙马🍴的肉。有些店铺可能会给它们冠以"始祖马🍴"的名字来销售，所以有的读者可能会感觉"始祖马"这个名字比较熟悉。

人们认为曙马是最原始的马，它们的体形只有中型犬一般大小🍴，虽然属于马科，但却不像其他同类那样，长有一张"马脸"。

大多数马科动物都生活在草原上，以草为食，但曙马的栖息地却不是草原。它们生活的场所是低矮的灌木丛生的树丛，主要的食物来源也不是草，而是树叶。

普通的马肉，一般来自畜牧业养殖的马。

而曙马生性胆怯，不适合作为家畜养殖🖊，所以入手曙马肉的方式一般都是打猎。但曙马的猎场都是灌木丛，视线阻挡多，视野差，再加上曙马本身目标很小，所以不适合用枪猎杀。

一般来说，捕猎曙马用的都是陷阱。

进入林区后，猎人首先会根据猎物留下的各种痕迹，判断设置陷阱的位置。捕猎曙马时，根据的通常都是足迹。

在树林中动物走过的小道上，一般会遗留有各种各样的动物足迹。比如鹿，会留下成对的大凹坑。如果在成对的大凹坑后面还各跟着一个小凹坑，那就是野猪留下的足迹。狐狸和狸猫会留下四根足趾和肉球留下的形状，趾尖还可见趾甲留下的痕迹。而熊呢，则有 5 根足趾和足掌。再告诉你一个知识，虽然野马不生活在树林里，不过它们留下的足迹是圆形的🖊。

曙马留下的足迹既有 4 根足趾的，也有 3 根足趾的。4 根的是前足，3 根的是后足。其中，有一根足趾相对较大，其余相对较小的足趾排列在大足趾两边。有时候，前足最小的足趾也可能留不下痕迹🖊。

确认好这些足迹后，你还要观察一下足迹周围植物的叶片。如果有被啃食的痕迹，而且留下的痕迹还比较新，就很可能是有曙马在这附近进食过。因此，你可以以该地点为中心，推算曙马行进的路径，设置套索陷阱🖊。

用这种方式捕获的曙马，在各家店铺都有销售。

和松子相得益彰！

一般来说，提起马肉，人们指的都是瘦肉。这部分的肉色泽红润，因此又被称为樱花肉，尤其是里脊肉和外脊肉，肉质柔软又紧实，口味略带鲜甜。

然而，曙马的肉却"非同一般"。

毕竟，曙马和其他马的体形大小、栖息环境以及主要食物都是不同的。

曙马的肉在口感上和马肉比较接近，但味道更加清爽🍴。

这次，我们在烹饪方法的选择上，考虑到了发挥出肉原本的味道，因此想给大家介绍这道在欧洲尽人皆知的生肉菜品——鞑靼曙马肉排。

听到"鞑靼"这个词，可能有人会以为我们往食材上淋了塔塔酱，毕竟发音很相似，但其实这道菜和塔塔酱完全无关，也用不到塔塔酱。

首先，我们要准备好曙马的外脊肉。要生吃的话，我最推荐这个部位🍴。1—2人吃的话，准备300克就够了。

把肉大致切成小肉块，切好的小肉块有点像金枪鱼刺身里的鱼肉块。

然后将小肉块放入冰箱冷藏。冷藏期间，你可以将松子压碎，把莳萝和欧芹切碎，把洋葱先切成片，泡水去除辣味后切丁。你也可以用直接从产地拉来的最新鲜的洋葱，这样的洋葱水分丰富，也无须泡水去除辣味。

接着，把肉从冰箱取出，盛入大碗，加入松子、莳萝、欧芹、洋葱，以及白芝麻、芥末酱和橄榄油混合、拌匀。最后，把肉的形状整理成一个圆形，盛盘，在中间放上一颗蛋黄就完成了。

品尝时，你可以戳破浓稠的蛋黄，一口口把肉送进嘴里。松子带着独特的芳香和甘甜，能特别凸显出曙马肉清爽的味道。白芝麻口感绝佳，芥末酱让整道菜的味道更上一层楼，莳萝和欧芹则带来了额外爽口和微苦的滋味。

　　真是无与伦比啊！

曙马的肉，虽然口感和马肉接近，
但味道更加清爽。

# 鞑靼曙马肉排

生吃一下最原始的马肉尝尝吧！
我们用了松子和各种香草增添口感和香味，
你可以根据自己的喜好调整加盐的量。

【材料】（1—2 人份）

曙马的外脊肉……300g
松子……20g
莳萝……3 根
欧芹……2 根

A ┌ 芥末酱……1 大勺
　│ 橄榄油……1 大勺
　│ 白芝麻……1 大勺
　│ 洋葱（切成末）……2 大勺
　│ 盐……适量
　│ 胡椒……适量
　└ 蛋黄……1 颗份

把肉大致切成小肉块时，可以双手各持一把刀，有节奏地切。

◆◆ 做法 ◆◆

❶把曙马的外脊肉大致切成小肉块，放入冰箱冷藏 1—2 小时。

❷把松子压碎，把莳萝和欧芹切碎。

❸将①、②和 A 盛入碗中混合、拌匀，做成圆形盛盘，在中间放上一颗
　蛋黄即完成。

给大型刺猬带上生姜的风味

# 恐毛猬时雨煮

【古生物审校】国立科学博物馆　木村由莉

恐毛猬是刺猬的近亲，人们一般不会为了吃而去捕猎这种动物。
但如果你买到了它们的肉，想要好好做一顿美食的话，
关键就在于如何巧妙地去除肉腥味。
这样，就能让它变成一道适合就饭或者下酒的佳肴。

大型刺猬——恐毛猬。

### 在小岛上长大的恐毛猬

如果你设置一个捕猎箱，恐毛猬✐有可能会自投罗网。

恐毛猬属于哺乳动物，吻部很长，较大的个体全长可达 75 厘米，其中光脑袋就能占到 20 厘米。它们的特征是具有发达的门齿，主要以昆虫为食。平常就算没有专门为它们设置陷阱，猎人也总能在给狐狸或者狸猫设置的捕猎箱中发现它们。

恐毛猬的体形和大型犬相当，是刺猬的近亲，但背后却没有刺。

一般提起刺猬，人们比较熟知的是普通刺猬和远东刺猬✐。这两种刺猬背上都有刺，而且体长再大也不过 35 厘米左右，但恐毛猬却能长到它们的两倍。

为什么恐毛猬能长到这么大呢?

这是因为栖息地的不同。恐毛猬生活的环境仅限于小岛🍴。

应该是它们的祖先来到了小岛定居，经过进化，变成了如此庞大的体形。

按一般的认知，在小岛上持续进化的动物，体形普遍越变越小。比如过去在日本栖息的象，在进化的过程中体形就变小了🍴。也有些恐龙在小岛上生活后越变越小的实例🍴。人们认为这是小岛和大陆相比，食物来源少，无法支持动物庞大身体的缘故。

然而，这是针对来到小岛生活的大型动物而言的。

像刺猬这种小型动物，如果小岛上没有天敌，它们可能会走上和象、恐龙相反的道路，身体越变越大。

没有天敌，再加上小型动物本来也不需要多少食物，就会造成出现恐毛猬这样的"大型动物"的结果了。


## 该如何消除腥臭味呢

人们很少积极地捕猎恐毛猬，因为它们对人类而言没有害，且肉质本身带有一种独特的腥臭味🍴。吃不惯的人应该很不爱吃吧。

不过虽说恐毛猬的肉有异味，但也不是完全不能吃🍴，如果下点儿功夫，完美地去除腥味，它们的味道其实和小猪肉差不多🍴。如果你能入手恐毛猬的肉，那还是很值得一试的。

这一次，我们就用长时间炖煮的方法，再加上生姜的香气来去腥增香，做一道日式的时雨煮吧!

首先，我们要剥去恐毛猬的肉皮，将肉切成适口的大小。平常我们如果要吃刺猬肉，必须先拔掉它们背上的刺，但恐毛猬没有刺，也就不需要费这个功夫了。

接着，把肉放在沸水中烫熟。

在焯水的过程中，水里会漂出浮沫，我们一定要将浮沫耐心撇去，这也是去腥的重要一步。

煮一个小时左右将肉捞出，倒掉热水，再把肉放回锅里，然后加入料酒，让料酒大致没过肉，开中火炖煮。此时也会漂出浮沫，要全部撇去。

直到锅内不再产生浮沫后，加入酱油、味淋、白酒、白糖、生姜，盖上锅盖，转小火继续煮。再煮下去还会有浮沫产生，也请记得时常查看锅内的状态，仔细地撇去浮沫。

炖肉的时间一共两小时左右，在这个过程中一定要守在锅边，以便撇去浮沫。虽然费时费力，但这也是为了将恐毛猬的肉烹调成最佳状态来享用。

炖好后关火，将肉冷却至室温。在冷却的过程中，味道也会充分渗入肉质当中。

冷却后再次开火，这次用小火炖煮一小时。恐毛猬的肉本身是比较硬的，这样回一次锅，肉质就会变得软嫩起来。

这次炖煮，肉基本上就不会产生浮沫了。

但此时你也不能离开锅边。锅内的汤汁越煮越黏稠，一个没注意就容易煳锅，因此你也需要适度地进行搅拌。

炖肉期间，我们不如架起另一个锅，焯一些荷兰豆。

最后，把肉从锅里捞出，在盘里摆上切成细丝的荷兰豆，这道恐毛猬时雨煮就大功告成了。

　这道菜既可以就着白米饭吃，也非常适合当下酒的小菜，而且保鲜的时间也比较长，因此把它放进饭盒里带走食用应该也不错。

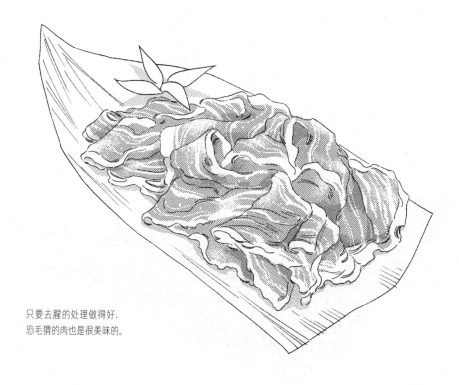

只要去腥的处理做得好，
恐毛猬的肉也是很美味的。

# 恐毛猬时雨煮

撤去炖肉时产生的浮沫，
再搭配上生姜的香气，
恐毛猬的腥臭味就被去除了。
炖肉时不要着急，
慢慢地把肉炖至软嫩再吃吧！

**【材料】**（3—4 人份）

恐毛猬的肉……300g
白酒……适量

A
- 酱油……80ml
- 味淋……3 大勺
- 白酒……3 大勺
- 生姜（切成丝）……80g
- 白砂糖……2 大勺半

荷兰豆……2 根

长时间耐心地撇去浮沫是保证味道的秘诀，这份苦劳也会带来与之相配的美味的。

◆◆ 做法 ◆◆

❶把恐毛猬的肉切成适口大小，在沸水中煮1小时，撇去煮出的全部浮沫。

❷把肉捞出，倒掉热水，把锅洗干净，然后再把肉放回锅内，倒入料酒，让料酒基本没过肉，开中火炖煮，撇去煮出的全部浮沫。

❸直到不产生浮沫后加入 A，转小火，盖上锅盖继续炖煮1小时左右，撇去煮出的全部浮沫。

❹关火，将肉冷却至室温，再开小火炖煮，适度搅拌以免煳锅，炖煮1小时左右。

❺盛盘，搭配焯熟、切丝的荷兰豆即完成。

为鲜味浓郁的肉赋予清香

# 酸梅蒸克勒肯鸟

【古生物审校】兵库县立人与自然博物馆　田中公教

克勒肯鸟属于恐鸟，据说捕捉它们要连性命都要搭上，
但值得放手一搏。
克勒肯鸟的肉质紧实，鲜香锁定其中。
这次，让我们反而采用清甜风格的烹饪方法，
做一道适合夏天的美味。

克勒肯鸟的鸟喙十分尖锐，会像挥动斧头或洋镐一样发动攻击，非常危险。

## 赌上性命来捕捉

克勒肯鸟 ✒ 和冠恐鸟长得真像啊！

但是把它们弄混可是很危险的。

克勒肯鸟没有飞行用的翅膀，会在陆地上四处奔跑。从这一点来看，确实和本书第 160 页介绍过的冠恐鸟有相似之处，身高也相近。

但克勒肯鸟的头比冠恐鸟的头大多了，可达 71 厘米长，在鸟类的头部里可算"拔得头筹"了。

而且它们的鸟喙尖端也异常尖利，像一把叉子一样。

专家给克勒肯鸟定性为"极为危险"的鸟类。它们不会飞，属于恐鸟类，是这一类群的代表物种。

捕捉克勒肯鸟是一项要赌上性命的工作。这种鸟颈部肌肉发达，因此能用力地挥动尖锐的鸟喙，再加上身材修长，奔跑速度也极快。

近年来，总有人在网上听说克勒肯鸟的肉浓香美味，于是就开始自己尝试捕捉，却反而惨遭不测，每年都有好几名遇难者。可以说，克勒肯鸟是容不得初学者练手的猎物了。想获得捕猎克勒肯鸟的资格，最起码你要能分清它们和冠恐鸟吧！

实际捕猎的时候，我不推荐用猎枪，这和捕猎冠恐鸟倒是一样的。

首先，克勒肯鸟奔跑速度快，猎枪很难瞄准。其次，就算你一枪命中了，但如果无法一击毙命，最后也会在猎物逃命时造成血液淤积，损伤肉质。

不过即便如此，有些猎人还是会冒着生命的危险，为我们带来克勒肯鸟的肉的。

据说，他们都是在鸟类动作迟钝的夜间靠近克勒肯鸟完成猎杀的。

在捕猎时，猎人必须全副武装，头戴头盔，身体穿好防弹衣。同时，为了防止克勒肯鸟醒来发动攻击，猎人还必须手持厚实的铁盾。

通常，两名猎人编成一队。一人负责将猎物的鸟喙一圈圈地绑住，使其无法张口，再在它们的脑袋上套上黑色的布袋。另一个人负责将猎物的两条腿绑在一起，动作要一气呵成。两位猎人必须掌握好时机，同时做出动作，默契地相互配合。

猎人如此拼命的工作，使得流向市场的克勒肯鸟肉全部价格不菲。不过，我可以保证，克勒肯鸟肉是完全对得起这份价格的极品。


酸梅香气与肉的滋味相得益彰

克勒肯鸟喜欢跑来跑去，因此大腿的肌肉十分发达，在市场上销售的克勒肯鸟肉，基本上也都是大腿肉。味道和公鸡肉类似，肉质紧实，浓缩着满满的鲜香滋味，越是咀嚼，就越能感到浓郁的肉香在口中释放。

克勒肯鸟肉香浓郁，若配上同样味道偏重的调料肯定好吃，但这次，我想反其道而行之，使用口味清甜的辅料，来激发肉的香气。

首先，我们要制作酸梅酱。用菜刀将酸梅的果肉切碎，将果肉泥与酱油、味淋和白酒混合。

然后，用叉子在克勒肯鸟大腿肉的肉皮表面刺几个洞，在两面上都撒上盐和胡椒，再裹上酸梅酱备用。

腌肉的同时，我们可以准备搭配用的蔬菜，我推荐你直接使用生鲜蔬菜。蔬菜加热后就会变软，所以还是口感清脆的生鲜蔬菜更适合搭配

克勒肯鸟的大腿肉是十分高档的食材，特征是肉香浓郁。

199

肉的口感，比如生葱丝就合适得很。

　　将克勒肯鸟肉静置 15 分钟后放入蒸锅，焖蒸 10—15 分钟。蒸之前，你可以在蒸锅里放入水和海带，更能为肉增添额外的香气和甜味。

　　蒸好后，将肉切成大块，最后在肉和配菜的表面淋上少许海带汤即可完成。

　　酸梅的酸甜能够激发肉的浓香，而焖蒸的做法能让多余的脂肪脱落，打造更丰富的口感，让整道菜更加清香。

　　这道菜可以让你在盛夏也尝到馥郁的肉香。食欲不振的时候，如果能买到克勒肯鸟的大腿肉，请一定要尝试一下。

# 酸梅蒸克勒肯鸟

我们将肉香浓郁的大腿肉，
赋予了最适合夏天的清甜滋味。
和爽口的蔬菜一起咀嚼，
立刻激发出肉的香气！

【材料】（2 人份）

克勒肯鸟的大腿肉……300g
酸梅……2 颗
酱油……1 大勺
味淋……1 大勺
白酒……2 大勺
盐……少许
胡椒……少许
大葱（葱白部分）……1 根
水芹菜……70g
紫苏叶……5 片
水……适量
海带……10cm

201

将酸梅切碎成泥状。

**◆◆ 做法 ◆◆**

❶用菜刀将酸梅的果肉切成泥状，将果肉泥与酱油、味淋、白酒充分混合。

❷用叉子在克勒肯乌大腿肉的肉皮表面刺若干洞，在两面上都撒上盐和胡椒，再裹上①静置15分钟。

❸将大葱切成葱丝，水芹菜切成5厘米左右的小段，紫苏叶切丝，将这些蔬菜泡水备用。

❹在蒸锅内加入水和海带加热，水开后将②置于竹帘之上放入蒸锅，中火焖蒸10—15分钟。

❺将③倒入筛网滤干水分，盛盘。将④切成厚片，搭配蔬菜摆盘，最后将蒸锅内的海带汤少许淋于其上即完成。

仿佛听到了渔民的称赞

# 索齿兽咖喱

【古生物审校】冈山理科大学　林昭次

索齿兽是栖息于日本各地沿海地区的海洋哺乳动物，
　　　　平时捕猎它们的正是专门捕鱼的渔民。
　　　每捕猎一头索齿兽，都要把它们做成一份咖喱，
　　　　　　　这似乎已经成了一种规矩。
索齿兽的肉越嚼越香，不知不觉你就吃下了好几碗饭。

索齿兽是日本具有代表性
的古生物之一。

## 形似河马，并非河马

远方的波浪之间，一颗黑黑的脑袋露了出来。

猎人朝着那个方向架好了枪。

枪声四处回荡。

"抓住啦！"

猎人双手叉腰，在摇摇晃晃的渔船上站定，放声笑着。

捕猎索齿兽就是这样的一幅画面。

索齿兽是日本具有代表性的哺乳动物之一，应该有人在海洋馆里见过它们🖊。索齿兽头部较长，身体胖嘟嘟的，总有人把它们当成河马，但其实和河马是完全不同的两种动物。

索齿兽和河马在四肢与躯干的连接方式上有区别🖊，前者的四肢更大。它们最具有决定性的差异是在口腔中。索齿兽的臼齿是有好几根釉质柱状结构"绑定"成束构成的，而河马则不然。其实不只河马，其他所有哺乳动物都不长这种构造的牙齿，这是只在索齿兽及其近亲身上能见到的特征。

也正是因为具有如此独特的牙齿构造，索齿兽所属的目才被人们单独提出，称为索齿兽目。

这个目的动物生活在北太平洋沿岸海域。

索齿兽偶尔也会上岸，但大部分时间都在水下生活，主要以海藻和一些底栖的无脊椎动物为食🖊。

索齿兽其实是个游泳健将，这一点光看外表你可能很难看出来，它们甚至偶尔还会游到远洋之上🖊。小时候还基本生活在岸边的它们，长大以后就会把自己的生活圈扩展到远洋了。

捕猎索齿兽一般是由当地的渔民进行的。因为它们以海藻为食，所以对渔民来说其实是一种害兽，捕猎也就兼有驱逐的功效了。

不过即便如此，捕猎索齿兽也是需要娴熟的技巧的。

捕猎时，渔民手持步枪，驾船出海，根据经验锁定索齿兽栖息的海域，然后熄掉渔船的引擎，静待猎物现身。

索齿兽是哺乳动物，因此不能永远潜在水下，必须浮出水面呼吸。渔民就是抓住这个时机，举枪射击它们在海浪之间闪现的脑袋的。

要在摇摇晃晃的渔船上瞄准远方海浪间若隐若现的一颗小脑袋显然是很难的，效率也很低。因为很不划算，捕猎索齿兽的渔民也越来越少了。

然而，为了保护海藻，适当捕猎索齿兽还是必要的。虽然捕猎的量不大，但我们还是能在沿海地区找到贩卖索齿兽肉的食品店。

## 细细咀嚼，唇齿留甘

索齿兽被子弹命中后，渔民会迅速开船赶过去，趁猎物还没被海浪冲走前用绳索将其庞大的身躯捆绑在渔船上，最后回到码头。

捕猎索齿兽的渔船停靠的码头附近都有一片专门用于放血的区域。这片区域也在大海里，但为了不让鱼等动物接近，人们用渔网做了隔断。捕回来的索齿兽都要先被放入这片区域晾几天。

血放干净后，人们就会开始屠宰索齿兽。索齿兽的肉从外观上看很像鹿肉，味道则接近鲸肉，细细咀嚼，还会散发出甘甜的滋味🔪。

用索齿肉的肉能做的美食很多，但当地人最钟爱的还要数咖喱。咖喱能成为经典美食，根本不需要什么理由。

接下来，我就为大家介绍一下这道风靡海港城镇的索齿兽咖喱。

首先，将索齿兽的肉切成适口大小，然后酸奶、大蒜、盐与迷迭香混合均匀，揉搓在肉的表面上，放入冰箱冷藏 3 天。

3 天后，将肉取出，用厨房纸巾擦去表面水分。在平底锅内倒入橄榄油，加热后下入肉，煎烤 5 分钟左右，倒掉煸出的多余油脂，将肉转移进高压锅。

将清水、香叶、香菜、孜然、马铃薯、胡萝卜也放入高压锅，大火加热。高压锅开始加压上气后转小火煮 20 分钟。

准备一个煮咖喱用的锅，在其中加入黄油、蒜蓉和生姜，小火翻炒。炒出香气后，加入切片的洋葱。

在平底锅里放入黄油和低筋面粉，小火炒 15 分钟左右，加入咖喱粉混合均匀。

　　将香叶从高压锅中剔除，将锅内剩下的食材倒进煮咖喱用的锅，然后将平底锅里的咖喱料和用开水烫过的番茄也加入煮咖喱用的锅，再煮30分钟。在此期间，我们可以准备一些素炸茄盒。

　　关火后，我们可以在咖喱上撒上一些干燥的罗勒叶，拌匀。将白米饭盛入碗中，淋上咖喱即可完成。

　　蔬菜的色彩和香料的滋味让人食欲大增，索齿兽肉的口感也很饱满。多预备几份，好好饱餐一顿吧！

索齿兽的肉，细细咀嚼，
能够释放出甘甜的滋味。

# 索齿兽咖喱

利用高压锅让食材变软，
能够在较短的时间里烹制出这道美味的咖喱饭。
咖喱好吃的关键在于选用在海中放血数天之后
的索齿兽肉。
蔬菜可以根据时令替换。

## ◆◆ 做法 ◆◆

❶将索齿兽的肉切成适口大小。

❷将胡萝卜和马铃薯切成适口大小，洋葱切成薄片，番茄用开水烫一下，切成四瓣。

❸将①和A放入保鲜袋揉搓，放入冰箱冷藏3天后用厨房纸巾擦去表面水分。

❹在平底锅内倒入橄榄油烧热，下入③用小火煎烤5分钟。

❺倒掉④煸出的油脂，将B和②中的胡萝卜、马铃薯一起加入高压锅，大火加热。高压锅开始加压上气后转小火煮20分钟。卸掉压力后，剔除其中的香叶。

❻用另一口锅开小火加热C，炒出香气后加入②中的洋葱，炒至变为焦糖色。

❼在④的平底锅中加入黄油、低筋面粉、盐，小火炒15分钟，加入咖喱粉混合均匀。

❽在⑥的锅中加入②中的番茄，以及⑤和⑦，烹煮30分钟后关火，撒上罗勒叶混合均匀。

❾茄子去蒂后切成四瓣，炸熟。

❿将白米饭盛入碗中，淋上⑧，搭配⑨即完成。

【材料】（5 人份）

索齿兽的肉……500g
胡萝卜……1 根
马铃薯……3 个
洋葱……1/2 个

A
┌ 酸奶……2 大勺
│ 大蒜……10g
│ 迷迭香……4 枝
└ 盐……2 大勺

橄榄油……适量

B
┌ 水……1.3l
│ 香叶……2 片
│ 香菜……1 大勺
└ 孜然……2 小勺

C
┌ 生姜……2 小勺
│ 大蒜……2 小勺
└ 黄油……10g

黄油……40g
低筋面粉……5 大勺
盐……2 小勺
咖喱粉……3 大勺
罗勒叶（干燥）……2 小勺
茄子……2 个
油……适量
温热的米饭……5 碗

为了防止煳锅，要经常搅拌，这是制作咖喱的基本操作。

芝士和巨型啮齿类动物的最佳组合

# 约瑟夫巨豚爽口烤肉卷

【古生物审校】国立科学博物馆　木村由莉

约瑟夫巨豚是体形远超水豚的巨型啮齿类动物。

据说，它的肉和猪肉味道相似。

光做成烤肉的话未免平淡，不如稍稍费一点儿工夫，

做成让"芝士党"垂涎的一道美味。

巨型啮齿类动物——约瑟夫巨豚。
要注意别被它咬到。

## 巨型啮齿类

在日本，只有经验丰富的猎人才能获准持有步枪🔪。有不少大型动物是用步枪才能捕获的，比如梅花鹿、虾夷鹿、亚洲黑熊、棕熊等。

这次，猎人给我们带来的是约瑟夫巨豚🔪。

据说，第一次在野外见到约瑟夫巨豚的人，起初根本不相信自己的眼睛。难道是自己对近大远小的感知出了问题？猎人心中暗忖。

乍一看，约瑟夫巨豚长得和水豚很像。水豚属于大型啮齿类，钻进温泉的样子尽人皆知🔪。所谓"啮齿动物"，就是老鼠和松鼠的近亲，但水豚身长可达差不多 1.4 米，体重有 66 千克，已经是这类动物破格的体形了。

　　然而，约瑟夫巨豚的体形却连水豚都不可同日而语。它们身长 3 米，是水豚的两倍还大，体重更是能达到 1 吨，足足有水豚的 15 倍之多。

　　而且，在我刚才举例子说的 4 种"大型动物"里体形最大的棕熊，其身长不过 2.3 米，体重 250 千克，可见约瑟夫巨豚是连棕熊都能完胜的巨兽。目击这么一头巨兽，怀疑自己的眼睛倒也不足为奇吧……

　　除此之外，约瑟夫巨豚下颌的力量也是惊人地大，门齿的咬合力和老虎相当，而臼齿的咬合力甚至可以达到门齿的三倍🍴。因此约瑟夫巨豚不能用陷阱来捕捉。这么强有力的下颌，一定会把普通的陷阱给咬坏的。

　　综上所述，用步枪一击毙命是关键的捕猎诀窍。

　　约瑟夫巨豚具有用门齿掘土、寻找植物根茎的习性🍴，所以猎人在捕猎之时，会选择它们开始挖土、对周围放下戒心的那一刻，站在稍远的地方射出无铅子弹，一招制敌🍴。

### 芝士配烤肉卷

　　别忘了，约瑟夫巨豚可是重达 1 吨的巨兽，如果捕获一头，就能获得大量的肉，这也是它们的一大优点。从味道和外观上看，约瑟夫巨豚的肉和偏瘦的猪肉是差不多的🍴。

　　不过说是这么说，若我们只把肉切成块，做成大块的烤肉，未免有些没创意，这次我们干脆把烤肉和芝士卷在一起，做成适合多人共同享用的爽口烤肉卷吧！

　　我们计划将约瑟夫巨豚的肉做成适于 5—6 人享用的大餐，因此需要准备 1.2 千克的五花肉。

约瑟夫巨豚的肉可能挺难买到的，不过只要有机会碰到，买它个几千克应该也不是难事。那句话怎么说的："能买的时候就别手软！"

首先，我们要把肉切成薄片，将其中三分之一并排铺好，宽度大约15 厘米，裹上淀粉，并洒上芝士碎，从一端卷成肉卷。此时，没有必要特地让芝士均匀地淋在肉片各处，在之后开火烹调时，芝士会熔化，铺满整个肉卷的。

接下来，将剩余肉片按 25 厘米的宽度并排铺好，裹上淀粉，然后把刚刚卷上芝士碎的肉卷放上去，再卷一次。

这样一来，我们就做好内部充满芝士碎的大肉卷了。你也可以参考后文的图片指南进行制作。

约瑟夫巨豚的肉。
因为是大型动物，买个几
千克的肉应该不成问题。

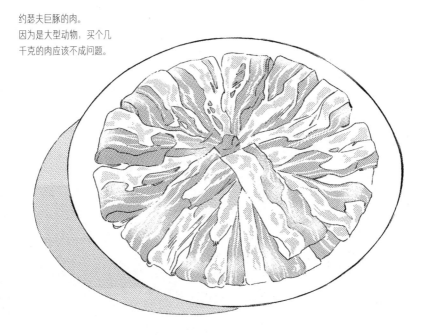

将肉卷静置 5 分钟左右，放入平底锅。此时，裹在肉片上的淀粉可以起到黏着剂的作用，可以轻松防止肉卷散开。请注意，由于肉卷又大又重，这一步最好不要使用筷子，推荐使用烹饪夹。

调味的话我们一般使用酱油和白糖。把酱油和白糖加水调成料汁，然后就可以倒进锅中了。按照个人喜好，你也可以在料汁中加入味淋。此时，味淋和水可以各加一半。

加入料汁后盖上锅盖，转小火炖煮 5 分钟，然后将肉卷翻面，继续炖 8 分钟，让肉卷从内到外充分熟透。

炖好后，将肉卷盛出，放入大盘。你可以直接切开享用，也可以用蔬菜给它做出眼睛、耳朵，仔细地装饰一番。但不论如何，就请大家在芝士变凉凝固之前，赶快享受美食吧！

# 约瑟夫巨豚爽口烤肉卷

用巨型啮齿动物的肉做成的巨型烤肉卷。
肉卷当中含有大量芝士，
芝士熔化形成的黏软口感更加激发了肉的鲜
香。
把烤肉卷盛在大盘当中，
叫上大家一起共享吧！

【材料】（5—6人份）

约瑟夫巨豚的肉……1.2kg
淀粉……适量
芝士碎……200g
色拉油……适量
A ┌ 白砂糖……100g
  │ 酱油……200ml
  └ 水……250ml
西蓝花、毛豆、胡萝卜、芝士片等……适量

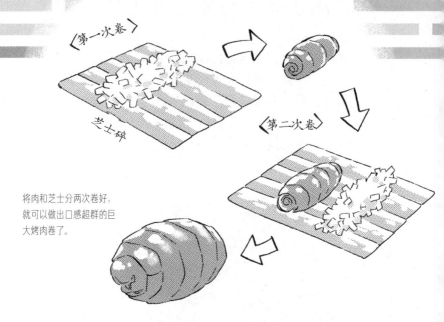

〈第一次卷〉

芝士碎

〈第二次卷〉

将肉和芝士分两次卷好，就可以做出口感超群的巨大烤肉卷了。

◆◆ 做法 ◆◆

❶将约瑟夫巨豚肉切成薄片。取三分之一的肉片按15厘米的宽度并排铺好，裹上淀粉，洒上一半的芝士碎并卷成肉卷。卷到一半左右时，将肉卷的左右两端向内折，然后继续卷。

❷将剩下的肉片按25厘米的宽度并排铺好，裹上淀粉，洒上①中剩下的一半芝士碎，按①的方法卷成肉卷。

❸在深平底锅中加入色拉油并烧热，然后把②放入锅中。使用烹饪夹翻转，让肉卷各处都烤至颜色金黄。注意肉卷左右两边也要烤好。

❹加入A，煮开后盖上锅盖，使用小火炖煮。5分钟后翻面，再煮8分钟。

❺盛出放入餐盘，并淋上锅中剩余的料汁即完成。可按喜好使用蔬菜和芝士碎进行装饰和摆盘。

享用美味的巨型鲨鱼

# 法式橙汁嫩煎巨齿鲨 &
# 清炖鱼翅

【古生物审校】城西大学大石化石陈列馆　宫田真也

我给巨齿鲨起了个昵称，叫"巨鲨"。
你要是见到它们的鱼肉和鱼翅，千万别心疼钱包，一定要赶紧买下。
用香橙的酸甜可以中和鲨鱼肉独特的味道，
巨大的鱼翅还可以整个拿来清炖，
是一道可以细细品味的奢侈美食。

恐怖的巨型鲨鱼——巨齿鲨。

## 全世界都既惧怕又熟悉

不管是日本国内还是国外，只要是沿海地区的超市，偶尔都有巨齿鲨的鱼肉卖。

巨齿鲨是体长超过 10 米的巨型鲨鱼，甚至还有人见过长达 16 米左右的个体✎。大多数个体，光一颗牙齿的长度就能超过 10 厘米。

巨齿鲨性情凶猛，有时甚至会攻击须鲸✎。它们咬住猎物时能产生的咬合力据说可达大白鲨的 10 倍，十分恐怖。擅自接近这种鲨鱼是非常危险的。

全世界没有哪个地方的人会主动地捕杀巨齿鲨，因为它们不仅会攻击人，连渔船都不会放过。不过，人们为了捕捞金枪鱼等小鱼，使用延绳钓鱼法时有时能碰巧捕到巨齿鲨，海滨浴场等地为了驱赶鲨鱼设置的防护网中偶尔也会有巨齿鲨自投罗网。

此时，若想卸掉防护网将其放生，你就得游到离他们很近的地方，太危险了，所以人们一般都会直接将巨齿鲨当场射杀。杀都杀了，不吃也是浪费，所以才会有那么多超市和店铺把它们的肉当成食材来销售。

在海边的超市和店铺里探店的时候，你要注意，有的店可能不会管它们叫"巨齿鲨"🔱，在日本，很多店铺会标注它们的生物学学名 Carcharodon megalodon，最近，还有些店铺会和国外保持一致，管巨齿鲨叫 Carcharocles megalodon[①]。

另外，在寻找时请你把它们的名字记全，如果只记"megalodon"的部分，可能找到的不是鱼市场，而是卖贝类的市场了。要是跑去卖双壳纲的柜台就耽误工夫了🔱。

巨齿鲨虽然在市场上属于稀有商品，但却在很早以前就为人熟知了。在日本，巨齿鲨的记录可以追溯到江户时代。那时候，人们把巨齿鲨的牙齿当成珍宝看待，还起名叫"天狗的利爪"🔱。


### 利用香橙来烹调

巨齿鲨的鱼肉和普通的鲨鱼肉没什么区别，味道略显平淡，而且还

---

[①] 巨齿鲨所属的属尚无定论，因此学名有争议，两种学名都有学者支持，此外也还有其他的争议学名。

和普通的鲨鱼肉一样，放得越久，腥味就越浓。

因此，我们就必须下大功夫在调味上，如果鱼肉没那么新鲜，还必须为其去腥。这次，我想为各位介绍一种可以同时达到这两个目的的烹调手法。

首先，我们要准备香橙的果汁，用量大概在 200 毫升左右。将在市场上买来的巨齿鲨鱼肉切块，放入橙汁浸泡 5 分钟。这么做能让香橙的清甜风味进入鱼肉中，而且香橙中的柠檬酸还能起到抑制鱼腥味的效果。

泡好后，将鲨鱼肉从橙汁中捞出，用厨房纸巾擦去表面水分，撒上一层盐和胡椒，再裹上一层面粉。在平底锅内倒入橄榄油加热，然后把鲨鱼肉的两面煎一下。

调味的料汁呢，可以用橙汁、柠檬汁、黄油和白葡萄酒熬煮制作。

最后，把调味的料汁淋在煎好的鲨鱼肉上，这道菜就完成了。你还可以把香橙切片，和迷迭香一起摆在鲨鱼肉的旁边，为整道菜增添几分小资的氛围。


## 超高级的鱼翅

鱼翅，也就是鲨鱼的鱼鳍，是越厚实就越高档的食材。如果把成熟巨齿鲨的尾鳍加工成鱼翅，长和宽都可以达到 90 厘米，其中肌肉纤维的粗度甚至和粗拉面相当，属于高档食材中的高档食材，甚至不太可能随意陈列在货架上。

要是你有幸买到一份巨齿鲨鱼翅，不如做成清炖鱼翅吧！

首先将大葱、生姜、白酒加入水中，焖蒸鱼翅，让鱼翅肉变软。

蒸鱼翅的同时，我们可以在大炒锅里加入大葱和生姜炝锅，加入酱油，炒出香味后捞出大葱和生姜。然后下入鱼翅，倒入鸡骨汤炖煮。鱼翅肉非常容易散开，因此放入锅中时一定要注意。你要根据鱼翅的大小判断操作的方式，如果太大了，就要找几个成年人一起来把它抬进锅中。

接着，往锅中加入盐调味，以淀粉勾芡，最后淋上芝麻油即可完成。配菜呢，就用小油菜即可。

请你特别注意，如果你买到的鱼翅是最大尺寸的，可能就需要好几个人一起配合才能完成烹饪。做好的清炖鱼翅足够 20—30 个人一起享用。

巨齿鲨的鱼肉切块。去腥之后，鲨鱼肉味道清淡，非常美味。

巨齿鲨巨大的鱼翅。

# 法式橙汁嫩煎巨齿鲨

用珍奇的巨型鲨鱼肉做成的一道小资名菜。
用香橙来去除鲨鱼肉特有的腥味，
并增添香气，是最好的选择。

【材料】(4 人份)

巨齿鲨的鱼肉切块……600g
香橙果汁……200ml
盐……少许
胡椒……少许
面粉……少许
橄榄油……2 大勺
黄油……5g

A ┌ 香橙果汁……200ml
　├ 柠檬果汁……1 大勺
　├ 黄油……5g
　└ 白葡萄酒……30ml

香橙切片……4 片
迷迭香……8 根

炖煮大鱼翅的时候，必须准备
好一口大锅。在炖煮时，请多
留神动作，以免损坏形状。

### ◆◆ 做法 ◆◆

❶将巨齿鲨的鱼肉浸泡在橙汁
中 5 分钟，然后擦去表面水
分。将盐和胡椒洒在肉的表
面，并裹上一层面粉。

❷在平底锅内倒入橄榄油加
热，煎烤①的两面。

❸在锅内倒入 A，熬煮 10 分钟。

❹将②盛盘，搭配香橙切片，
淋上③，再配上迷迭香即
完成。

# 清炖巨齿鲨鱼翅

巨齿鲨的鱼翅是史上最大的鱼翅，
我们用清炖的方式烹饪这种超高档食材。
一个鱼翅就够 20—30 人享用，
非常适合大规模的婚宴和聚会。

【材料】（20—30 人份）

巨齿鲨的鱼翅（尾鳍）……1 个

A ┌ 大葱（葱叶部分）……60 根
  │ 生姜（切片）……60 片
  └ 白酒……150ml

水……适量
色拉油……1.8l
大葱……120 根
生姜……120 片
酱油……900ml

B ┌ 鸡骨汤……30l
  │ 酱油……900ml
  └ 白酒……适量

C ┌ 水……适量
  └ 淀粉……适量

芝麻油……900ml
小油菜……20 棵

D ┌ 盐……10 大勺
  │ 白酒……36ml
  │ 胡椒……3 大勺
  └ 鸡骨汤……15l

## ◆◆ 做法 ◆◆

❶ 在水中加入 A，焖蒸巨齿鲨的鱼翅。多次换水，蒸到没有腥味，肉质
变软为止。

❷ 准备一口大炒锅，加入色拉油烧热，加入大葱和生姜炝锅，炒出香味
后倒入酱油，控制火候以防糊锅。

❸ 捞出锅内的大葱和生姜，加入 B 转小火，然后加入①，炖煮 15 分钟。
用 C 制作水淀粉勾芡，加入芝麻油。

❹ 将小油菜纵切，过油，然后与 D 一起下锅快速煮熟。

❺ 将③盛盘，搭配④即完成。

# 古生物食堂
# 后厨入口

这里是本食堂的后厨入口。
正文中大家大快朵颐的食材，
它们的原始资料、科学依据我都记载于此了。
是否阅读，你可以自己决定……

这里是后厨!

## P12—15 奇虾

**奇虾**（第 12 页）

拉丁文学名为 Anomalocaris，出现于古生代寒武纪，已有多个物种被确认。这次我们烹饪的对象是加拿大奇虾（Anomalocaris canadensis），化石发现于加拿大。

**有两根大触须**（第 12 页）

准确地说，奇虾的触须是附肢的一种，所以应该叫"两根大附肢"，其腹面有两排尖锐的凸起。

**体长 1 米的庞然大物**（第 12 页）

多数奇虾体长几十厘米，最大的个体在 1 米左右，相当于两条鲭鱼的大小，在寒武纪的海底已经算"庞然大物"了。当时的海洋动物，身长基本都在 10 厘米以下。

**它们的躯干部位只有鳃，几乎没有可食用的地方**（第 12 页）

英国自然历史博物馆的艾立森·戴利（Allison C. Daley）和英国里斯托大学的格里高利·埃奇库姆（Gregory D. Edgecombe）于 2014 年发表的报告指出，加拿大奇虾的背部几乎布满梳齿状的鳃。

**发达的复眼**（第 13 页）

根据澳大利亚新英格兰大学的约翰·帕特森（John R. Paterson）等人于
2011 年发表的化石报告，奇虾具有由超过 16000 个单眼构成的复眼。
一般来说，构成复眼的单眼数目就相当于数码相机的像素数，而拥有
16000 个单眼构成的复眼的生物，纵观整个生命史也并不多见。另一个
实例是现生的蜻蜓目昆虫，具有超过两万个单眼构成的复眼。蜻蜓目是
昆虫中优秀的猎手，能捕捉到飞行中的猎物。由此判断，奇虾应该也能
捕捉想要游泳逃命的猎物。然而，帕特森发现的化石虽被认为是奇虾的
同类，但无法确定为加拿大奇虾。在发现化石的澳大利亚，至今尚无加
拿大奇虾化石的发现报告。

**游泳能力绝佳，能在水下灵活地转弯**（第 13 页）

加拿大女王大学的谢帕德（K. A. Sheppard）等人对奇虾化石的尾部做了
仔细研究，并制作模型进行了实验验证。实验证明，奇虾是出色的猎手，
这和帕特森等人的结论一致。此外，谢帕德还认为奇虾的尾部与鸟类的
尾羽类似，是一种趋同演化的实例。

**拿剥了壳的小虾当诱饵**（第 13 页）

美国马萨诸塞大学的马利·斯科滕菲尔德和美国丹佛自然科学博物馆的
詹姆斯·哈加多恩（James W. Hagadorn）于 2009 年发表论文指出奇虾
的口腔中没有硬质的构成成分，综合计算机模拟，可以认为其咬合力弱，
连虾壳都咬不碎。

**触须是奇虾身上最硬的部位**（第 13 页）

有许多奇虾化石被发现时仅剩触须的部分了。因此我在文中设定"触须
是奇虾身上最硬的部位"。

## 身体看起来和普通的大虾没什么两样（第 13 页）

科学家发表首份化石报告时，发现的奇虾化石标本仅有大附肢部位。因其形似大虾，科学家就将这种动物命名为"奇虾"了，意思是"奇特的虾"。

## 剥去触须外覆盖的薄皮（第 13 页）

如果触须外没有覆盖外壳或薄皮，奇虾死后，遗体的触须的体节应该在搬运过程中彼此分离，但科学家实际发现的化石，大部分触须的体节都是相连的，因此我采用了这样的设定。

## 口感外酥里嫩（第 14 页）

奇虾用触须捕捉猎物，因此其触须的肌肉相对比较发达，体节之间可能也靠肌肉相连（此观点存在争议）。然而，本书的审校者田中源吾认为，奇虾的肌肉不会像大虾那么发达，身上的肉不应充满弹性。想必可以尝到和油炸大虾非常不同的口感吧。

## 触须的肉有一种特殊的苦味（第 14 页）

有人指出，奇虾在分类学上和有爪动物门亲缘关系较近。本书的审校者田中源吾提出可以用有爪动物门的天鹅绒虫来参考味道。据说天鹅绒虫是苦的。

## 奇虾的头部有一块薄薄的甲壳，这块甲壳之下有一块圆形的区域（第 15 页）

这是戴利和埃奇库姆于 2014 年发表论文提出的奇虾外貌特征。可以清晰地辨认出这块甲壳的标本很少。本书的审校者田中源吾指出，这块甲壳之下很可能集中着奇虾眼柄的根部、控制眼睛和口腔运动的肌肉以及连接颈部和身体的肌肉，还有包含大脑在内的中枢神经系统。因此我推测有可能也有虾黄。

**把尾鳍和尾鳍的根部也用来烹饪**（第 15 页）

根据谢帕德等人进行的研究，奇虾的尾鳍经常运动，因此根部的肌肉发达。本书的审校者田中源吾认为可以利用大虾的尾巴作为味道的参考。


**P19—22 拟油栉虫 & 球接子**

**三叶虫纲共有超过 1 万个物种**（第 19 页）

在大小肉眼可见的动物化石中，很少有哪类动物有这么多个物种的。一般认为只有菊石类动物的物种数可以与之一较高下了。绝对的物种多样性让三叶虫和菊石有了"化石之王"的美称。相比之下，挪威奥斯陆大学的杰斯汀·斯特菲尔德和里哈西昂·利奥于 2015 年发表论文指出，最有名的古生物类群恐龙一共只有 1936 个物种。这个比较提供给大家参考。


**是由碳酸钙构成的**（第 19 页）

一般来说，由碳酸钙构成的甲壳质地较硬，容易留存化石。


**不同物种的厚度和硬度也不尽相同**（第 19 页）

三叶虫的外壳分为内外两层，不同物种，每一层的厚度和构造也不同。


**拟油栉虫**（第 19 页）

拉丁文学名为 Olenoides，属三叶虫纲，全长不足 10 厘米，其化石在美国、加拿大、俄罗斯、中国等世界各国的古生代寒武纪前期末至中期的地层中都被发现过。和之后的其他三叶虫纲动物相比，拟油栉虫的外壳更扁平，且边缘具有细小的凸起。拟油栉虫并非游泳健将，而是善于在海底行走。三叶虫纲是节肢动物门中已经灭绝的一纲，有人认为它们活到现在的近亲是海蜘蛛纲，有人认为是蛛形纲，还有人认为整个螯肢亚纲都是它们的近亲。因此，我为了让它们更加美味，采用了蛛形纲的说法。世界各国都有食用蜘蛛的实例。本书的审校者田中源吾认为，虾和蟹都可以为三叶虫提供味道的参考，但三叶虫并没有虾和蟹的肉身，胸部和尾部被肢体和鳃占满，不适合食用。不过"虫黄"倒是有可能和虾黄、蟹黄一样美味。

**如果让三叶虫维持蜷缩的自卫姿势死掉的话，再来做菜可就难了**（第20页）
要在三叶虫死后解除其自卫姿势应该比较难，毕竟大多数化石都是这个姿势。

**球接子**（第20页）
拉丁文学名为 Agnostus，意为"未知事物"，来源于化石被发现时，人们根本搞不清楚这是什么动物。它有着更接近甲壳动物的特征。和纯粹的三叶虫相比，球接子的外壳更软。本书的审校者田中源吾认为球接子的味道可以参考小虾，是可以连壳一起嘎吱嘎吱嚼碎的动物。

### P26—29 皮卡虫

**曾有一位世界级的古生物学家向人们介绍这种鱼**（第26页）
这是活跃在20世纪的美国古生物学家古尔德（Stephen Jay Gould）的故事。当然，他把皮卡虫当作"私藏宝贝"不是为了吃，而是为了学术研究。在古尔德写作《奇妙的生命》（*Wonderful Life*）的时候，皮卡虫仍是世界上最古老的脊索动物。他一方面说"皮卡虫不是脊椎动物的祖先"，一方面又说"把生命这卷磁带倒回源头，重新播放一遍，如果这一次皮卡虫没能存活下来，我们人类也将在之后的历史中消失"。实际上，他在论述中已经把皮卡虫当成了所有脊椎动物的祖先。不过，这是他本人在写作《奇妙的生命》时（即 20 世纪 80 年代）的理解，如今人们已经在更古老的地层中发现了鱼类祖先的化石，皮卡虫已经不像古尔德叙述得那般重要了。

**皮卡虫**（第 27 页）
拉丁文学名 Pikaia，是栖息在寒武纪加拿大的海洋动物。

**偶尔甚至能游到海面附近**（第 27 页）
这是本书的设定。一般认为，皮卡虫能够游泳，但尚无明确的证据。

**它们可是高级的食材**（第 27 页）
这项设定有两条原始资料。其一为实际发现的化石数量。目前，人们仅从加拿大的沃尔科特采石场（位于伯吉斯页岩的多个采石场之一）发现过皮卡虫的化石，而且它们的化石仅占从沃尔科特采石场发掘出的所有化石的 0.03%（数据截至 2008 年），个体数仅为 60 多只。其二为本书的审校者宫田真也提出文昌鱼为皮卡虫的味道参考，而文昌鱼的数量如今持续锐减，已经是极为稀少的动物了。

**想捕捞皮卡虫是需要所在县的县知事许可的**（第 27 页）
这当然是本书的设定。根据本书的审校者宫田真也的说法，皮卡虫的味道可以参考文昌鱼，但文昌鱼比皮卡虫的游泳能力强，因此和捕捞相关的事实，我们应该参考鳗鱼的鱼苗，因此捕捞的手法我也就参考鳗鱼鱼苗了。

**捕捞皮卡虫的方法有很多**（第 27 页）
我参考了鳗鱼鱼苗的捕捞手法。

**似乎都仅限于油炸皮卡虫的做法**（第 28 页）

日本环境省在官网首页上介绍过文昌鱼 ① 在中国的吃法。此外，我在文中说过它们"肉质软嫩、口味清香甘甜"，这是中国厦门一家酒店官网上的信息。

**将之与鸡肉、牛肉一起爆炒才是皮卡虫最佳的烹饪方法**（第 28 页）

这是日本环境省在官网首页上介绍过的文昌鱼在中国的吃法。

## P33—36 广翅鲎

**广翅鲎**（第 33 页）

拉丁文学名为 Eurypterus，意为"宽大的翅膀""宽大的船桨"。其化石主要发现于志留纪的美国和泥盆纪、石炭纪的欧洲等地。

**和蝎子有点儿亲缘关系……都生活在海里**（第 33 页）

其实蝎子最原始的物种也是生活在海里的。

**板足鲎目中共有大约 250 个物种**（第 33 页）

历史上，广义的板足鲎目从奥陶纪开始，一直延续到了二叠纪，其历史长达 2 亿年。

**在没有鱼类的海洋生态系统中，也算是十分繁盛的"家族"了**（第 34 页）

历史上，板足鲎目在志留纪鱼类的祖先崛起之前一直是很繁荣的，全盛时期还在海洋生态系统中担任着次级消费者和三级消费者的角色。鱼类

---

① 文昌鱼现为国家二级保护动物，不可食用。

崛起之后，板足鲎目的势力就被急剧削弱了。

## 最长的能长到好几米（第 34 页）

在本书成书之时，人们认为大型的板足鲎目动物包括被称为"板足鲎目最原始祖先"的五十桨翼鲎属（Pentecopterus），体长 1.7 米，以及锐支鲎属（Acutiramus），全长 2 米，耶氏翼鲎属（Jaekelopterus），全长 2.5 米等。

## 它们会蜷缩起柔软的尾巴发起攻击（第 34 页）

至少斯氏鲎属（Slimonia）的后腹部可以在水平方向上弯曲将近 180 度，朝向前方。

## 板足鲎在头胸部一共长有 6 对、12 只足（第 34 页）

准确地说应该叫附肢。

## 顶端有螯钳一样的结构（第 34 页）

锐支鲎及其近亲具翼鲎（Pterygotus）等属的物种都具有螯钳。

## 好几只足上长有并排的尖刺（第 34 页）

混翅鲎属（Mixopterus）具有尖刺。

## 喜欢在水里游来游去（第 34 页）

2014 年，美国耶鲁大学的罗斯·安德森（Ross P. Anderson）等人发表论文指出广翅鲎属具有单眼数量多、适合游泳的复眼。他们同时指出锐支鲎属的复眼单眼数量少，因此不适合快速游泳。我在正文中提到的"喜欢在水里游来游去，所以肉质紧实"，援引了本书审校者田中源吾的话。

**大多数种类的板足鲎都会在交配季节爬上海滩**（第 34 页）

这是本书的设定。目前尚未发现广翅鲎登上陆地的证据。然而，人们发现过板足鲎目动物在海岸上留下的痕迹，而且从身体构造上看，它们也有可能会在短时间内爬行到地面上，并进行呼吸。

**它们的味道很像大虾，清淡中带有回甘**（第 35 页）

田中源吾建议用广翅鲎的近亲蝎子来参考味道。我在书中编写菜谱时参考了北寺尾拳骨堂（北寺尾 ゲンコツ堂）所著的《"猎奇"食物大全》（『ゲテ』食大全）中有关蝎子的记述。

### P40—43 沟鳞鱼

**盾皮鱼纲**（第 40 页）

从古生代泥盆纪中期（约 3 亿 9800 万年前）开始繁荣起来的鱼类。中国科学院的朱敏等人于 2013 年发表论文，将盾皮鱼纲认定为硬骨鱼纲、棘鱼纲和软骨鱼纲的共同祖先。

**沟鳞鱼**（第 41 页）

拉丁文学名为 Bothriolepis，是较为原始的盾皮鱼纲动物。沟鳞鱼属中有超过 100 个物种，我用来做食材的是其中最为人熟知的加拿大沟鳞鱼（Bothriolepis canadensis），不过我用的烹饪方法适合沟鳞鱼属中的所有物种。

**有一些盾皮鱼生性凶猛，会攻击人**（第 41 页）

例如邓氏鱼（Dunkleosteus），全长 8—10 米，据说其咬合力是现生大白鲨的 1.7 倍以上。有痕迹指出邓氏鱼会同类相残，是十分凶猛的物种。如果生活在现在的海洋中，它们一定会被认为是十分危险的动物。

**沟鳞鱼数量众多，分布广泛**（第 41 页）

人们认为沟鳞鱼是最成功的盾皮鱼，它们物种数量多，被发现的个体数也很多，其化石在加拿大、美国、俄罗斯等多地均有发现。

**有传闻说它们可以利用胸鳍在地上行走**（第 41 页）

约翰·朗（John A. Long）在著作《鱼类的崛起》（*The Rise of Fishes*）中总结了鱼类的进化过程，并提出鱼类有可能利用胸鳍在陆地上爬行。

**实际上……垂直方向的运动幅度却连 20 度都不到**（第 41 页）

2014 年，加拿大魁北克大学里姆斯基校区的伊莎贝尔·菲舍尔等人发表了此观点。在研究中，菲舍尔对保存完好的化石进行计算机断层扫描，在计算机内构建了沟鳞鱼的三维生态模型，分析了其胸鳍的可动范围。结果表明，沟鳞鱼的胸鳍是"调整垂直方向的舵"。

**有的躯干上长有骨质的"背鳍"，有的全长能超过 1 米**（第 41 页）

例如沟鳞鱼属的一种 Bothriolepis zadonica 就具有背鳍。此外，2016 年被发现的霸王沟鳞鱼（Bothriolepis rex）全长可超过 1.5 米。

**沟鳞鱼的鱼苗有时还会聚在一起游来游去**（第 41 页）

在美国宾夕法尼亚州发现的化石群中，有多达 31 只沟鳞鱼个体聚集在一处。美国斯沃斯莫尔学院的杰森·唐斯（Jason P. Downs）等人于 2011 年发表了针对这一化石群的研究，认为这是一个幼体种群。

**沟鳞鱼"铠甲"的内部只有内脏，不能吃**（第 42 页）

基于 1941 年美国达特茅斯学院博物馆的罗伯特·丹尼森（Robert H. Denison）进行的研究。

**有种独特的弹性，口感酷似鲨鱼肉**（第 42 页）

本书的审校者宫田真也想象沟鳞鱼的尾部应当如同鲨鱼肉，且具有七鳃鳗一般的弹性。笔者未能找到与七鳃鳗口感相关的资料，因此本书参考了其近亲物种盲鳗。盲鳗和七鳃鳗一样，浑身充满肌肉、口感弹性十足。根据落河芳博审校的《可食用深海鱼指南》（食べられる深海魚ガイドブック，自由国民社出版）一书的记载，盲鳗因其滋补强身的功效，备受韩国人的喜爱。

## P47—50 笠头螈

**两栖纲中还有其他的几个类别**（第 47 页）

昔日的两栖纲中还包含迷齿亚纲、壳椎亚纲等分类，其中大多数生活在古生代。在这些已灭绝的生物中，有些的全长可达 2 米，堪称"水边的霸主"。

**笠头螈**（第 47 页）

拉丁文学名为 Diplocaulus，属两栖纲壳椎亚纲，已发现的化石分布于美国的古生代石炭纪至二叠纪地层和摩洛哥的二叠纪地层。

**人们会事先把搬运金枪鱼等鱼类用的担架沉到河底**（第 48 页）

这是日本上野动物园捕捉日本大鲵的方法。

**如果左右的宽度达不到标准……就证明这批猎物还是幼体或尚未成熟**（第 48 页）

笠头螈的头部会随着成长发育逐渐向左右延伸。笠头螈幼体的头部完全没有回力镖的形状，反而有点像日本的饭团，呈三角形。

**有时候，笠头螈会在临死前发出一声惨叫**（第 48 页）

源自北大路鲁山人所著的《鲁山人味道》（鲁山人味道，中央公论社出版）中关于日本大鲵的描述。

**他的回答是大鲵**（第 49 页）

《鲁山人味道》中的记述。书中称其为："珍奇又美味，正因如此，堪称名副其实的珍馐。"

**指的是日本大鲵**（第 49 页）

虽然作者北大路鲁山人在《鲁山人味道》中全部都仅说"大鲵"，但根据描述，"大鲵"的全长"二尺有余"。"二尺"相当于 60 厘米，因此可判断为日本大鲵。此外，日本大鲵是日本的特有种，被日本政府指定为国家级天然纪念物，且在北大路鲁山人的时代就已经被列为保护动物了。进入现代后，别说是食用，就连捕捉都需要提前申请文化部的许可。

**没尝过笠头螈的味道**（第 49 页）

当然没尝过了，毕竟笠头螈早在 2 亿 5200 多年前就灭绝了。谨慎起见，我还是特别标注一下。

**硬要比较的话，大概也就只有笠头螈身上没有花椒味这么点儿区别吧**（第 49 页）

在我和本书的审校者林昭次商量能否编写已灭绝的大型两栖动物的菜谱时，他向我推荐的其中一种动物就是笠头螈。同时指出可以用日本大鲵当作参考。二者同为淡水动物。但"有花椒味"这一特征参考的是《鲁山人味道》中对日本大鲵的描述，于是我决定将笠头螈设定为不具有花椒味。

**开锅后不久，笠头螈肉就会慢慢变硬**（第 49 页）

参考了《鲁山人味道》中对日本大鲵的描述。只炖煮 2—3 小时，日本大鲵的肉就变硬了。

**把这道菜"沉淀"一晚……可以发现肉和汤汁的味道"更上一层楼"**（第 50 页）

参考了《鲁山人味道》中对日本大鲵的描述。书中称："神奇的是，如果静置冷却一晚，大鲵的肉就会变得非常软烂，肉皮则会变得黏黏糊糊的。而汤汁的味道，到了第二天也会'更上一层楼'。"

## P54—57 旋齿鲨

**旋齿鲨**（第 54 页）

拉丁文学名为 Helicoprion，其化石在美国、加拿大、日本等世界各国的古生代二叠纪地层中均有发现。2013 年，美国爱达荷州立大学的雷夫·塔帕尼拉（Leif Tapanila）等人发表论文指出旋齿鲨属于全头亚纲。仔细研究其化石标本后，人们在牙齿周围的岩石中也发现了全头亚纲动物的特征。截至本书成书时，尚无反对这一分类观点的论文发表。

**对这种动物本身也产生了各种各样的联想**（第 55 页）

首次发现旋齿鲨的论文发表于 1899 年，研究者在之后的 100 多年来都在试图复原旋齿鲨的外貌。拙作《石炭纪、二叠纪的生物》（石炭纪·ペルム纪の生物，技术评论社出版）也收录了绘图师雷·特罗尔（Ray Troll）绘制的 100 年来的旋齿鲨复原图，感兴趣的读者可以参考阅读。

**它们吃菊石之类的食物时似乎确实更方便了**（第 55 页）

塔帕尼拉等人于 2018 年发表了另一份研究旋齿鲨的论文。他指出，当时生活在远洋当中，身披贝壳的头足纲动物（即菊石的同类）的数量激增，而旋齿鲨特殊的牙齿对捕捉这些动物非常有用。它们只要用嘴轻轻一咬，就能把猎物的软体部位从外壳中拉出来吃掉。

**猎捕旋齿鲨时，人们一般会用延绳钓鱼法**（第 55 页）

这是本书的审校者宫田真也的建议。许多软骨鱼类耐力十足，再加上不少旋齿鲨的体长都超过 3 米，非常巨大，光靠人力难以钓起，因此利用机械进行的延绳钓鱼法更加适合。

**每到繁殖季节，旋齿鲨就会游上浅滩**（第 55 页）

俄罗斯科学院古生物学研究所的列别杰夫（O. A. Lebedev）于 2009 年发表论文指出，旋齿鲨一生的大部分时间都是在洋盆中度过的。

**有时候，利用底曳网也能抓获旋齿鲨**（第 55 页）

藤原昌高在著作《美味的小型鱼类图鉴》（美味しいマイナー魚介図鑑，MyNavi 出版）中指出，人们多用底曳网来捕捉现生的银鲛及其同类。

**它们可是用来香煎或炙烤的美味，很受人们欢迎**（第 55 页）

宫田真也提出用银鲛作为旋齿鲨味道的参考。根据《美味的小型鱼类图鉴》提供的信息，银鲛在澳大利亚等国颇受欢迎。

**它们为人熟知的吃法都不是生食的**（第 56 页）

参考了《美味的小型鱼类图鉴》中对银鲛的描述。但书中同时也提道："如果足够新鲜，银鲛肉也可以做成刺身。银鲛寿司的味道也令人难以割舍。"

**日本有些地区会把它们当成制作鱼肉棒的原料**（第 56 页）

这是《食材鱼类、贝类大百科》（食材鱼贝大百科事典，平凡社出版）中关于银鲛的信息。

## P63—66 秀尼鱼龙

**欧美国家只想要鲸油**（第 63 页）

为了鲸油而被捕猎的代表动物就是抹香鲸，其头部贮藏有大量油脂。

**秀尼鱼龙**（第 64 页）

拉丁文学名为 Shonisaurus，属三叠纪后期的鱼龙目。秀尼鱼龙属中有多个物种，其中有一种是全长预测可达 21 米的庞然大物。然而也有人认为该物种属于鱼龙目中别的属。

**它们属于远洋性动物，会游遍全世界的各片海洋**（第 64 页）

本书的审校者林昭次指出，秀尼鱼龙的骨骼中空隙很多，一般认为这是远洋性动物的一种特征。

**在大街小巷的餐馆中常常见到的秀尼鱼龙的食用部位**（第 65 页）

书中列出的都是鲸鱼的可食用部位。林昭次认为，小须鲸和秀尼鱼龙同属远洋性动物，且食性相似，因此可作为秀尼鱼龙肉味道的参考。同时，一篇发表于 2018 年的论文也指出，鱼龙目动物和海洋哺乳动物十分相似。论文分析了保存完好的鱼类目动物化石，提出其皮肤与皮下脂肪层，以及体内色素等均与海洋哺乳动物相似。

**秀尼鱼龙的瘦肉富含铁元素，颜色暗红**（第 65 页）

这是小须鲸瘦肉的特征，参考了小松正之的著作《日本的鲸食文化》（日本の鯨食文化，祥传社出版）。

**当成家畜饲养的恐龙**（第 70 页）

这当然是本书的设定。然而准确地说，现生的鸟类也应属于恐龙类，因此我就设定为现实世界也饲养恐龙为人食用了。

**中国似鸟龙**（第 70 页）

拉丁文学名为 Sinornithomimus，是白垩纪后期生活在中国北部地区的恐龙。

**奔跑速度极快**（第 71 页）

进化后的似鸟龙科动物，腿骨中具有吸收冲击力的结构。人们认为，即便它们奔跑在现代的道路上，速度也会快到不会引起堵车。

**暴龙**（第 71 页）

拉丁文学名为 Tyrannosaurus。在撰写本书时，我想以这种有名的恐龙作为食材，但在联系了多位恐龙研究者后，他们一致认为暴龙从生肉到腐肉无一不吃，因此"肉应该不怎么好吃"。如果吃起来不怎么美味，那猎捕这么凶残的恐龙，风险和回报就不成正比了，最后我只好遗憾地将暴龙移出菜谱名单之外。

**养鸡时使用的精饲料**（第 71 页）

八木宏典在著作《从零开始的畜牧业入门》（知識ゼロからの畜産入門，

家之光协会出版）中指出，家畜的饲料可分为富含纤维素的粗饲料和富含蛋白质、碳水化合物的精饲料。前者多用于乳业和肉牛饲养，而后者多用于养猪和养鸡。粗饲料主要为稻草，而精饲料则是谷物。中国似鸟龙生存的年代，禾本科植物并不像现代那么繁盛，因此我判断粗饲料并不合它们的胃口。同时，现代农业中饲养家禽用的都是精饲料，那么从系统分类学的角度分析，给恐龙饲喂精饲料应该也是合理的。

**如果你喜欢软糯的口感……可以选用成熟个体的龙胗**（第 72 页）

饲喂的饲料种类不同，鸟类胗子的肉量也会不同。因此实际上的筛选条件可能会更加复杂一些。

### P77—80 薄板龙

**把这些都做好，准备工作就完毕了**（第 78 页）

这种陷阱是本书的审校者林昭次的建议。

**三大海洋爬行动物**（第 78 页）

准确地说应该是"中生代的三大海洋爬行动物"。鱼龙目动物出现于三叠纪初期，蛇颈龙目动物出现于三叠纪末期，而沧龙科动物直到白垩纪中期才出现。鱼龙目到白垩纪中期就灭绝了，而蛇颈龙目和沧龙科动物则一直生活到白垩纪末期。

**本身并无"长脖子"的含义**（第 78 页）

蛇颈龙目的拉丁文学名为 Plesiosauria，本身为"近似蜥蜴"的意思。

**连渔民都要冒着性命的危险**（第 78 页）

人们认为"短脖子的蛇颈龙"位于海洋生态系统的顶端，具有巨大的头部，口内长有坚实的牙齿，其破坏力可见一斑。如果你想近距离观察它们的标本，可以去日本磐城市的煤炭化石馆。这座博物馆中展示有"短脖子的蛇颈龙"的代表类别上龙属（Pliosaurus）。

**薄板龙**（第 78 页）
拉丁文学名为 Elasmosaurus，化石发现于美国、瑞典以及其他欧洲国家的白垩纪后期地层。

**薄板龙的肉没有腥味，非常适口，同时充满弹性，鲜味浓郁**（第 79 页）
林昭次提出用海龟来做味道的参考，根据为两者的类别相近，且游泳方式类似等。用海龟为原料制作的菜色为小笠原诸岛、伊豆诸岛的传统美食，因此我参考了旅行杂志等处提供的信息。

**薄板龙的颈椎很多**（第 80 页）
目前尚无证据证明薄板龙到底有多少块颈椎，但可以确认其近亲阿尔伯塔泳龙（Albertonectes）具有 75 块颈椎。

**P84—87 潘诺尼亚龙**

**潘诺尼亚龙**（第 85 页）
拉丁文学名为 Pannoniasaurus，化石发现于匈牙利的白垩纪后期地层。

**"尾巴尖端有尾鳍，四肢也都有鳍的巨蜥"**（第 85 页）
过去人们常常称其为"海洋巨蜥"，但从 2010 年之后发表的几篇论文指出，沧龙科中大多数物种具有尾鳍，这已经超出"蜥蜴"一词能够描述的身体结构了。

**霍氏沧龙**（第85页）

拉丁文学名为 Mosasaurus hoffmanni，是最早被发现并发表论文的沧龙属动物，也是已知最大、在历史上最后出现的沧龙属动物。

**在欧洲的部分地区，人们甚至把它们当成恐怖的大怪兽**（第85页）

这当然是本书的设定，但原始的资料却是史实。霍氏沧龙的化石被发现时，人们谁都无法判断它属不属于白垩纪的海洋爬行动物，因此就按发现地的名字，称之为"马斯特里赫特的大怪兽"了。

**是当之无愧的海洋霸主**（第85页）

人们已经习惯将鱼龙目、蛇颈龙目和沧龙科合称为"中生代的三大海洋爬行动物"了。按出现的时间顺序排列，最早的应为鱼龙目，其次是蛇颈龙目，最后是沧龙科。然而，沧龙科动物在出现之后很快就称霸了海洋生态系统，其竞争对手为大型鲨鱼。

**有身长 2—3 米、鳍状肢不发达的物种**（第85页）

指哈氏龙（Haasiasaurus），为一个原始的沧龙科的属。

**也有牙齿特化、主要以贝类为食的物种**（第85页）

指球齿龙（Globidens），其牙齿尖端特化成了蘑菇的形状。

**还有夜行性的小型沧龙**（第85页）

指美溪磷酸盐龙（Phosphorosaurus ponpetelegans），其化石发现于北海道鹉川町，具有双目视觉，这在沧龙科中是非常罕见的特征，因此可能能够夜行。在同一时期，同一地点，人们还发现过北海道沧龙（Mosasaurus hobetsensis）的化石。北海道沧龙的体形更大，据说美溪磷酸盐龙能够与前者错开活动时间，分别利用栖息地。

**潘诺尼亚龙的肉……味道清淡，毫不张扬**（第 86 页）

沧龙科的动物是蛇的近亲，因此本书的审校者林昭次提出用蛇来做味道的参考。北寺尾拳骨堂在《"猎奇"食物大全》中写道："硬要比较的话，蛇肉和鸡肉比较接近，肉质纤维紧实，但味道清淡。光看外观我以为会有很浓的腥味，但其实根本没有。"不同种类的蛇"各有各的美味"。然而，烹饪蛇肉需要专业的技术，我并不推荐普通人去捕捉、烹饪和食用蛇类。

## P91—94 四角菊石

**人们常在……深 200 米的水域内设置渔笼**（第 91 页）

菊石类一般都在海底附近游动，也有人指出，像四角菊石这种壳体厚实的菊石栖息于深海的海底。

**在笼中悬吊适量的鱼肉糜。这样的机关效果很好**（第 91 页）

一般来说，我们不认为菊石类动物会积极地捕猎。它们通常会聚集在动物遗骸的周围。

**四角菊石**（第 92 页）

拉丁文学名为 Tetragonites，其长轴 10—15 厘米，是差不多可以握在手里的大小。大多数物种表面光滑，横肋不明显。北海道的白垩纪中期至末期的地层中曾出土过不少四角菊石的化石，被发现时多个个体聚集在一起的情况也很常见。白垩纪化石研究所的早川浩司（已故）是我在化石方面的导师，他在著作《北海道：化石讲述的菊石故事》（北海道：化石が语るアンモナイト，北海道新闻社出版）中，根据四角菊石"大小差不多的个体大多会以一定的角度叠合在一起"的特性，指出了其营群居生活的可能性。

**有好几个隔断的空间，这些空间彼此相连，称为气室**（第92页）

气室内部的空间基本都是空的。菊石类动物会通过让体液进出气室的方式控制自身浮力。

**喙嘴**（第93页）

菊石类动物和章鱼、乌贼一样具有颚。偶尔依然能发现化石证据。

## P98—101 平盘菊石

**在北海道深度 50 米左右的海底设置渔笼**（第98页）

菊石类动物属于底栖生物，即在海底附近游泳的动物。其中，壳体越厚的菊石越能适应大海深处，而壳体越扁平的菊石则越能适应水流湍急的海边。

**平盘菊石**（第98页）

拉丁文学名为 Metaplacenticeras，壳体直径为 5 厘米左右，化石发现于北海道北部的白垩纪后期中某一时期形成的地层。

## P105—107 黄昏鸟

**黄昏鸟**（第105页）

拉丁文学名为 Hesperornis，是一种没有翅膀，不会飞的海鸟，化石在加拿大、美国、俄罗斯、瑞典、日本等地均有发现，生活于白垩纪。白垩纪时期，加拿大和美国拥有一片可以把大陆分隔开的巨大海洋，从墨西哥湾一直延伸至北冰洋。那里正是黄昏鸟的栖息地之一。

**嘴里还有牙齿**（第 105 页）

现生的鸟类长有喙，喙内没有牙齿，但始祖鸟等原始鸟类却多数都有牙齿。


**栖息地是距离海岸 300 千米以上的海域**（第 105 页）

发现黄昏鸟化石的地层是距离海岸 300 千米以上的海洋沉积形成的。


**在海底很可能有以黄昏鸟为猎物的大型海洋爬行动物**（第 105—106 页）

人们研究沧龙科的大型动物海王龙（Tylosaurus）的化石发现，其胃内容
物中有黄昏鸟。


**为了产卵，黄昏鸟走上海岸**（第 106 页）

这只是一种可能性，人们并未真正发现黄昏鸟的巢穴和卵的化石。本书
的审校者田中公教认为，它们有可能喜欢走上陆地产卵，也可能喜欢在
海面上筑巢，就像现生的小鹏鹧一样。


**黄昏鸟的大腿肉都是富含铁元素的瘦肉**（第 107 页）

田中公教提出鹈鹕可以作为黄昏鸟的味道参考。有许多说法认为鹈鹕的
肉味道近似鹿肉。


## P111—114 巨型长形蛋

**巨型长形蛋**（第 111—112 页）

拉丁文学名为 Macroelongatoolithus，化石发现于中国、蒙古、美国、韩
国等地。这个学名只是针对恐龙蛋本身起的，因此名叫巨型长形蛋的恐
龙蛋并不一定属于同一种恐龙。正文使用的恐龙蛋的原型是从中国的白
垩纪后期地层中出土的。

**保护着它们**（第 112 页）

恐龙中有不少种类长有翅膀，目前，人们尚未弄清楚它们是如何孵蛋的。是通过阳光来加温呢，还是利用自己的体温，还是利用地热作为热源，还是综合了以上三种方法呢？目前尚不明确，因此人们对恐龙孵蛋的动作应该如何称呼也还存在争议。本书全部使用"保护"一词。


**这种蛋的父母是什么恐龙目前尚不明确**（第 112 页）

厘清恐龙蛋和其父母之间关系的实例其实非常少，但曾有科学家在巨型长形蛋的内部发现过窃蛋龙胚胎的化石。另外，人们还曾在和巨型长形蛋同时期的中国地层中发现过窃蛋龙下目的巨盗龙属（Gigantoraptor）的骨骼化石，属于一种全长 8 米的大型种。从分类和体形上分析，应该可以证明其就是巨型长形蛋的父母，因此本书的插图也就将巨盗龙当成了原型。


**P118—121 大圆蛋**

**大圆蛋**（第 118 页）

拉丁文学名为 Megaloolithus。这只是人们为恐龙蛋起的学名，因此所有的大圆蛋并不一定是同一种恐龙所生。其化石发现于阿根廷、印度、西班牙等地，如果你在市场上见到有人在卖"恐龙蛋壳的化石"，那基本上就是大圆蛋。


**偶尔母体恐龙也会拿植物的叶片覆盖在蛋的表面**（第 119 页）

本书的审校者田中康平在 2018 年发表论文指出，恐龙在蛋上"覆盖植物"很可能是在利用植物发酵时产生的热能，因此有这种行为的恐龙很可能在寒冷地区筑巢。

**蛇更加危险**（第 119 页）

2010 年，美国密歇根大学的杰弗瑞·威尔逊（Jeffrey A. Wilson）等人发现了一条袭击蜥脚类恐龙巢穴的蛇的化石。这条蛇全长 3 米左右。

**哪种恐龙生下的大圆蛋，其实人们目前尚不确定**（第 119 页）

至少在一个观点上人们达成了共识，即大圆蛋属于泰坦龙科的恐龙。泰坦龙科属于蜥脚类，在白垩纪时期非常繁荣，生活在世界各地，全长 37 米的世界最大恐龙巴塔哥巨龙（Patagotitan）就属于这一门类。

## P125—128 葬火龙

**葬火龙**（第 125 页）

拉丁文学名为 Citipati，栖息于白垩纪的蒙古。

**前肢长有翅膀**（第 125 页）

人们尚未发现葬火龙的翼化石，这是我根据其近亲物种推测的。

**全身都被一层羽毛覆盖着**（第 125—126 页）

人们尚未发现葬火龙的羽毛化石，这是我根据其近亲物种推测的。

**暴龙**（第 126 页）

拉丁文学名为 Tyrannosaurus，是食肉恐龙中著名的"霸王"。

**无须担心恐龙猎人遭到袭击，被葬火龙吃掉**（第 126 页）

葬火龙没有牙齿，无法撕咬肉类。

**用黑色的布袋迅速罩住葬火龙的头部，牵制猎物的动作**（第 126 页）

这是本书的审校者久保田克博提议的捕捉方法，参考了鸵鸟。普遍认为葬火龙有夜盲症，在黑暗的环境下无法动弹。

**坐在巢穴上睡觉的大抵都是雄性**（第 126 页）
雌性鸟类在体内形成卵的过程中会产生一种叫作髓质骨的特殊结构，产卵后，髓质骨依然清晰可辨，这也就成了判断雌雄的标准之一。人们在葬火龙的巢穴附近发现的化石均无髓质骨，因此认为孵蛋的恐龙是雄性的可能性很高。

**葬火龙肉比其他兽脚类恐龙的肉更适于食用**（第 126 页）
久保田克博将小嘴乌鸦定为了葬火龙的味道参考，植食性的小嘴乌鸦没有肉食性的大嘴乌鸦那么重的腥味，更适于食用。

**比鸡肉的颜色更鲜红, 弹性也更强……"健康肉品"的宣传标签**（第 126 页）
我没想到小嘴乌鸦之前已经有过这么多实际烹调的案例，在网上也有不少菜谱介绍。关于红肉和牛磺酸的信息就来自这些网络信息，同时也参考了综合研究大学院大学的塚原直树所著的《绝对美味的"乌鸦料理"》（本当に美味しいカラス料理の本，GH 出版）。

**葬火龙的肉带有细微的土腥味**（第 126—127 页）
源自《绝对美味的"乌鸦料理"》对小嘴乌鸦的描述。

## P132—135 伶盗龙

**伶盗龙**（第 132 页）
拉丁文学名为 Velociraptor，其全长远超成人男性，体重却只和人类幼儿相当，口中有一排利刃般锋利的牙齿，牙齿的顶端向口腔内倾斜，一旦咬住猎物，猎物就在劫难逃。其化石发现于蒙古的白垩纪地层。一只伶盗龙曾在与植食性的原角龙（Protoceratops）打斗时，二者双双变为化石，这件"打斗恐龙"标本非常出名。在日本，你可以在群马县的神流町恐龙中心看到伶盗龙。

### 脚尖上还长有十多厘米长的利爪（第 132 页）

伶盗龙后脚的第二趾有长达 10 厘米的利爪。趾甲可动，行走时可向上抬起，减少阻碍，打斗时可向前倾，作为武器使用。

### 真实的伶盗龙比电影中的迅猛龙体形还要更小一些（第 132 页）

伶盗龙的腰部高度仅为 70 厘米左右，电影《侏罗纪公园》（Jurassic Park，含续集）中的迅猛龙要比伶盗龙大上一圈不止，其原型一般认为不是伶盗龙，而是伶盗龙的近亲恐爪龙（Deinonychus）。

### 伶盗龙是很聪明的（第 133 页）

不只恐龙，要推测任何灭绝动物的智力都是很难的。有一种方式是推测它们的脑指数，即脑重和体重的比值。简单来说，就是大脑占体重的比值越大，即脑指数越大的动物越聪明。伶盗龙和鳄鱼同属爬行纲，若将鳄鱼的脑指数设为 1.0，那恐龙中的鸟脚类大部分，和几乎全部的兽脚类都比鳄鱼聪明。在兽脚类中，又数伶盗龙和其近亲驰龙最为超群。大多数兽脚类恐龙的脑指数都在 1.0—2.0，而驰龙高达 5.8。相对地，狗的脑指数为 1.2，人类为 7.4—7.8（不过，哺乳动物脑指数的计算基准是猫，而不是鳄鱼）。

### 在其嘴巴紧闭的状态下，先用绳索将其一圈圈地捆绑起来（第 133 页）

这是捕捉鳄鱼的方法。一般来说，动物的开口力都要比闭口力（咬合力）弱，因此在捕捉吻部较长的食肉动物时，必须先使其开不了口。

**有点儿像氧化了的油脂**（第133页）

从分类学的角度看，伶盗龙所属的驰龙科在兽脚类恐龙中非常接近鸟类，属肉食性，食物来源从自己捕猎的鲜肉到动物尸体的腐肉无所不包。以此为依据，本书的审校者久保田克博将大嘴乌鸦列为其味道的参考。我也没想到大嘴乌鸦之前也有过这么多实际烹调的案例，在网上也有菜谱介绍，且大多数人都提到过它们的肉有股腥臭味。我在文中提到的"氧化了的油脂"味，是参考了综合研究大学院大学的塚原直树所著的《绝对美味的"乌鸦料理"》。书中还写到了大嘴乌鸦肉的其他特征，即"瘦肉丰富，肉质有弹性"。

**它们的翅中低脂肪、低热量、高蛋白，可以说是非常理想的食材**（第133页）

针对伶盗龙的翅中，久保田克博提议将味道的参考定为鳄鱼。鳄目动物也是恐龙的近亲，正文中的描写参考了鳄鱼的腿肉。如果你感兴趣，在如今的日本到处都可以吃到鳄鱼肉。

**P139—142 尖角龙**

**这些种群的规模一般都在几百头左右，大一些的有几千头之多**（第139页）

在加拿大阿尔伯塔省的恐龙公园内，人们曾发现过几百只尖角龙的化石聚在一起。

**尖角龙**（第139页）

拉丁文学名为 Centrosaurus，生活在白垩纪的加拿大。

**三角龙**（第139页）

拉丁文学名为 Triceratops，是角龙科的代表类别。

**我想先使用脸颊肉**（第 140 页）

这是本书的审校者千叶谦太郎的推荐食用部位之一。普遍认为尖角龙能够吃下比较坚硬的食物，因此脸颊肌肉发达的可能性很高，可以推测其脸颊肉"嚼劲十足，非常美味"。

**也是许多大型食肉恐龙钟爱的部位**（第 141 页）

颈肉也是千叶谦太郎的推荐。2012 年，美国落基山脉博物馆的丹佛·福勒（Denver W. Fowler）发表过一篇研究暴龙的论文。论文研究了三角龙身上遗留的暴龙咬痕。福勒发现三角龙的颈部皮褶上有拖拽伤，且后颈部的咬痕非常多。他认为这是暴龙咬住已捕获的三角龙颈部的皮褶，使其头颈分离，再食用其暴露出的颈部所导致的。

## P146—148 绘龙

**朝相同的方向缓慢踱步**（第 146 页）

蒙古曾发现过 7 头绘龙幼崽面朝同一方向的化石。

**绘龙**（第 146 页）

拉丁文学名为 Pinacosaurus，化石很多，发现于蒙古的白垩纪地层。绘龙知名度较大，从幼崽到成体各个阶段的化石均有发现。

**大面甲龙**（第 146 页）

拉丁文学名为 Ankylosaurus，化石发现于美国的白垩纪地层，是甲龙科的代名词。成熟的个体全长可达 7 米，体重 6 吨。

**人们基本上都认为绘龙比较便于饲养**（第 146 页）

一般认为，营群居生活的动物比较容易饲养。

**骨甲也还没长成形，只有脖子后侧附近的骨甲摸得出来**（第 147 页）

德国波恩大学的玛蒂娜·施坦（Martina Stein）和本书审校者林昭次于 2013 年共同发表的论文指出，甲龙科恐龙的骨甲是随着成长，骨骼溶解形成的。也就是说，甲龙科恐龙在一定年龄之前是没有骨甲的。

**不怎么吃普通的禾本科植物饲料**（第 147 页）

在恐龙时代，还没有一望无际的禾本科植物。

**绘龙的舌头可能比不上牛舌好吃，但也含有不少瘦肉**（第 147 页）

舌头是柔软的部位，大多数情况下很难留下化石。本书的审校者高崎龙司指出，人们通过分析舌骨等手段，可以推测绘龙具有肌肉构成的舌头。高崎龙司推举鳄鱼的舌头作为味道的参考。如今，在日本也可以吃到鳄鱼舌了。根据"at home VOX"网站的描述，鳄鱼舌的味道"很像猪颈肉"。不过高崎龙司也表示，有人认为绘龙的舌头比鳄鱼的舌头更大，活动也更频繁，因此应该比鳄鱼舌头瘦肉更多，肌肉也更发达。

**味道很像牛筋和甲鱼的融合**（第 148 页）

林昭次认为牛筋可以作为味道的参考，在牛筋味道的基础上混入甲鱼肉的味道。

**味道犹如金枪鱼的脸颊肉**（第 148 页）

林昭次提出可以用犰狳当作味道的参考。恐龙属于爬行动物，而犰狳属于哺乳动物，虽然分类不同，但它们的背上都有骨甲。白石梓在著作《世界上奇怪的肉》（世界のへんな肉，新潮社出版）中写道，犰狳的肉"味道像金枪鱼的脸颊肉""味道浓郁"。

**鸭嘴龙科恐龙……能更加高效地取食各类饲料**（第 153 页）

有人指出，鸭嘴龙科恐龙至少有一部分牙齿的组织数比现生牛的更多。牙齿的组织数更多就意味着同一颗牙齿在不同位置的硬度会更加不同，这颗牙越使用，其表面就会因为磨损而变得越凹凸不平，从而越容易彻底地磨碎植物。而且，鸭嘴龙科恐龙的牙齿在被磨损后，立刻就会长出新牙来替换。

**它们吃不了禾本科的牧草**（第 153 页）

在恐龙时代，还没有一望无际的禾本科植物。

**亚冠龙**（第 153 页）

拉丁文学名为 Hypacrosaurus，生存在白垩纪的加拿大。

**使用的就是属于赖氏龙亚科的亚冠龙尾巴上的肉**（第 153 页）

本书的审校者千叶谦太郎指出，鸭嘴龙科恐龙的代谢发达，味道应该近似哺乳动物，因此将味道的参考定为了牛肉，很符合人类的喜好。但正如我在正文中所说，它们比现生爬行动物的皮下脂肪更多，因此千叶谦太郎和本书的厨师顾问松乡庵甚五郎的第二代老板都认为它们应该不符合日本人的口味。

**冠恐鸟**（第 161 页）

拉丁文学名为 Gastornis，化石发现于法国、德国的新生代早第三纪古新世地层，和加拿大的第三纪始新世地层。

**无须担心它们主动袭击人类**（第 162 页）

对冠恐鸟的化石进行化学分析，人们发现它们很可能是植食性的，或许并不像外表那么可怕。

**它们根本就是同一种鸟**（第 162 页）

不飞鸟和冠恐鸟原本被人们视为不同的生物，但近年来有越来越多的证据显示它们其实是同一物种。像这样经过研究将原以为不同的几种生物归为同一种生物时，一般会优先采用最早命名的生物名称。冠恐鸟命名于 1855 年，而不飞鸟命名于 1876 年，因此学术界废除"不飞鸟"命名，保留"冠恐鸟"命名，同时在认定两者是同种生物后，美国、德国、法国等国的始新世地层也成了冠恐鸟化石的发现地。

**过去人们处理很多种鸟类……越来越多的人喜欢吃新鲜的肉品**（第 162 页）

该说法出自《野禽菜谱大全》（ジビエ料理大全，旭屋 MOOK 出版）收录的《"帕玛尔"厨师高桥德男教你的基础知识和实践》（「パ・マル」高橋徳男シェフに学ぶ基礎知識と実践）。

**冠恐鸟的肠道……异味转移到肉品当中**（第 162 页）

参考了《野禽菜谱大全》收录的《"帕玛尔"厨师高桥德男教你的基础知识和实践》以及依田诚志《野禽教材》（ジビエ教本，诚文堂新光社出版）中的野禽菜谱，尤其是鸭子的烹饪方式。然而，冠恐鸟不会飞，且为植食性，其肠道可能和现生的鸵鸟一样很长，并不能简单地从肛门拉出来，说不定直接解剖会更快一些。

**P168—171 走鲸**

**走鲸**（第 168 页）

拉丁文学名为 Ambulocetus，根据史维森（J. G. M. Thewissen）所著的《会

走路的鲸鱼》（*The Walking Whales*）记述，人们已经在巴基斯坦北部的卡拉奇塔山脉发现过 10 只走鲸的化石。走鲸的全身复原骨骼化石，你可以去日本国立科学博物馆参观。

### 古鲸亚目（第 168 页）
在约 3390 万年前，始新世开始时，古鲸亚目就已经销声匿迹了，消失的原因尚不明确。

### 全身覆盖着一层毛发（第 169 页）
目前尚未发现走鲸毛发的化石，但一般认为原始的鲸类和其他哺乳动物一样体表被毛。

### 伏击、捕食靠近水边的小型哺乳动物（第 169 页）
在走鲸的化石附近，人们常常能发现海生的螺类和海牛的肋骨化石。通常，如果出现这种特征，一般可判断其为海洋动物，但人们在走鲸化石附近也发现了小型陆生哺乳动物的化石。同时，研究人员也发现走鲸的牙齿有在淡水区使用过的痕迹。综上可以判定走鲸的栖息地很可能是陆地和海洋的交界区。然而，日本名古屋大学的安藤瑚奈美和藤原慎一于 2016 年发表论文指出，走鲸的肋骨强度不够，无法耐受陆地上的重力，因此也有可能是完全水栖的动物。

### 更加原始的动物物种（第 169 页）
最古老的"现代鲸鱼"最晚出现于约 3200 万年前，因此古鲸亚目的出现时间更早，大约在 4900 万年前。人们已经在约 4800 万年前的地层中发现过走鲸的化石了。

**在味道上也是有差异的**（第 171 页）

本书的审校者田中嘉宽认为河马可以当作走鲸的味道参考。河马和鲸同属鲸偶蹄目，有四肢，栖息于河川，虽为植食性动物，但也可以吃肉，或许在习性上非常接近于走鲸。然而，河马已被列为易危物种（VU），现在已经禁止捕猎，关于其味道的记述也就很少了。本书参考的是 1978 年职业猎人彼得·海瑟微·凯普斯迪克（Peter Hathaway Capstick）所著的《高草丛中的死亡》（*Death in the Long Grass*）。

**如果将来有机会**（第 171 页）

走鲸等早期古鲸亚目动物的化石发现于巴基斯坦和印度的国界附近，但遗憾的是，进入 21 世纪后，这些地区不幸沦为战火纷飞之地，古生物学家去现场勘查已变得极为困难。那里是研究鲸类进化的重要地区，希望能够早日迎来和平。《会走路的鲸鱼》中也详细记述了研究者的这些无奈。

## P175—178 陆行海牛

**陆行海牛**（第 175 页）

拉丁文学名为 Pezosiren，全长 2 米左右，生活在约 4780 万—4300 万年前的牙买加，体长而腿短。

**海牛目中最原始的物种**（第 176 页）

陆行海牛虽然一直被称为海牛目中最原始的物种之一，但具有这个称号的动物不只陆行海牛一种，具体哪一种是最原始的，目前尚有争议，不过一般认为海牛目的祖先在更早的数百万年前就已经出现，但目前尚未发现化石证据。

**味道像是猪肉和牛肉的结合体**（第 176 页）

考虑到陆行海牛虽然可以在陆地上生活，但还是更适于在水下生活，其肉质应该和现生的海牛没有太大的差别。本书的审校者田中嘉宽提出的味道参考是儒艮，然而，儒艮已被列为濒危物种，现在已经禁止捕猎。本书参考的是盛口满所著《儒艮之歌》（ジュゴンの唄，文一综合出版）中的一段昭和 40 年（1965 年）的记述："儒艮的肉非常鲜美，味道像猪肉和牛肉的结合。"

**厚实的皮熬出的高汤**（第 177 页）

这也是《儒艮之歌》中的记述，目前尚未发现陆行海牛皮肤的化石。

## P183—186 曙马

**曙马**（第 183 页）

拉丁文学名为 Eohippus，其中"Eo—"是"拂晓"之意，"—hippus"是"马"的意思，两部分合起来，就是"破晓时分的马"。曙马是原始马类的代表，其化石分布于美国和墨西哥的新生代早第三纪始新世地层。

**始祖马**（第 183 页）

拉丁文学名为 Hyracotherium，曾被认为和曙马同属，但现在普遍认为是不同属的不同生物。

**体形只有中型犬一般大小**（第 183 页）

曙马的头部与躯干长约 50 厘米，肩高约 40 厘米。

**曙马生性胆怯，不适合作为家畜养殖**（第 184 页）

本书的审校者木村由莉认为，在森林中栖息的动物都生性胆怯，不适合作为家畜养殖。

**它们留下的足迹是圆形的**（第 184 页）
现生的马，前后肢都只有一根脚趾，随着进化，马的脚趾数有所减少，最终只有中趾剩了下来。普遍认为，现代的马是特化了脚上最长的一根脚趾，借此增长了步幅。

**有时候，前足最小的足趾也可能留不下痕迹**（第 184 页）
曙马的脚趾大小并不固定，第五趾最小。

**设置套索陷阱**（第 184 页）
将绳索一端绑成环状绳套，藏在地面上，绳套的大小要正好保证在猎物的脚能踏入的程度。等猎物一脚踏入绳套，机关便会启动，绳套勒紧，将猎物的脚绑住。这种陷阱可用于捕猎野猪和野鹿。对此有兴趣的读者，我推荐阅读绿山信宏的《陷阱女孩》（罠ガール，角川书店出版）。

**曙马的肉在口感上和马肉比较接近，但味道更加清爽**（第 185 页）
木村由莉选择马和鹿作为味道参考，因为"（曙马的肉）口感像马肉，味道应该接近鹿肉"。鹿肉和马肉比较相似，但味道更清淡。

**我最推荐这个部位**（第 185 页）
根据《肉、蛋图鉴》（肉·卵图鑑，讲谈社出版）的记录，马肉刺身使用的里脊肉、外脊肉和大腿肉肉质软嫩，带有甜味。

**恐毛猬**（第 190 页）

拉丁文学名为 Deinogalerix，生活在新生代晚第三纪中新世。

**普通刺猬和远东刺猬**（第 190 页）

相比鼠类，刺猬和鼹鼠的亲缘关系更近，以蚯蚓和昆虫为食。

**恐毛猬生活的环境仅限于小岛**（第 191 页）

恐毛猬的化石发现于意大利加尔加诺。现在的加尔加诺是意大利的一个半岛，而在中新世到上新世时代，这里是一座小岛。

**过去在日本栖息的象，在进化的过程中体形就变小了**（第 191 页）

过去，日本列岛曾有不少象栖息。在大约 600 万—500 万年前，曾有黄河象从亚洲大陆迁徙而来，这些象肩高约 3.6 米。而被公认为这批黄河象后代的曙光剑齿象，其肩高却只有 1.7 米左右。

**也有些恐龙在小岛上生活后越变越小的实例**（第 191 页）

举例来说，蜥脚类恐龙拥有全长超过 30 米的巨大物种，是大型恐龙的代名词，但在蜥脚类恐龙中，也有全长只有 6.2 米的"小个子"——欧罗巴龙。一般认为，欧罗巴龙过去就生活在小岛上。

**肉质本身带有一种独特的腥臭味**（第 191 页）

本书的审校者木村由莉认为，恐毛猬的现生近亲物种鼹鼠的肉就有腥臭味，而恐毛猬与鼹鼠分类相近，食性相同，因此带有同样腥臭味的可能性很高。另外，在上原善广的著作《被歧视的餐桌》（被差别の食卓）中也有刺猬肉"有腥臭味，难以下口"这样的描述。

**不过虽说恐毛猬的肉有异味，但也不是完全不能吃**（第 191 页）

关于刺猬的腥臭味，可能只有日本人会比较敏感。在《被歧视的餐桌》中，作者也介绍了某些民族有食用刺猬的文化。

**它们的味道其实和小猪肉差不多**（第 191 页）

利文斯顿（A. D. Livingston）所著的《食用动植物指南》（*Guide To Edible Plants and Animals*）一书总结各种动植物的味道，其中描述刺猬的味道为"有人称其有小猪肉一样的味道"。

**恐毛猬的肉本身是比较硬的**（第 192 页）

我参考了《被歧视的餐桌》中关于刺猬肉口感的描述。

## P197—200 克勒肯鸟

**克勒肯鸟**（第 197 页）

拉丁文学名为 Kelenken，化石发现于阿根廷的新生代晚第三纪中新世地层。如同本书正文中的介绍，其特征为长达 71 厘米的巨大头骨，这个大小超过了其他所有已知的鸟类。恐鸟类又名窃鹤科，属于不会飞的鸟类，克勒肯鸟就是其中的一员。

**味道和公鸡肉类似**（第 199 页）

克勒肯鸟属于窃鹤科，窃鹤科又属于叫鹤目，叫鹤目动物不管是灭绝的还是现生的，基本上都产自南美洲。最出名的现生物种是红腿叫鹤，生活在陆地上，属杂食性鸟类，从小动物到植物的种子什么都吃。居住在巴西的鸟类摄影家福尔·希奇拉·费罗在其个人网站上指出，红腿叫鹤的味道和公鸡肉类似。我以此为参考，直接引用在正文中描述味道。

**捕猎索齿兽就是这样的一幅画面**（第 204 页）

索齿兽的拉丁文学名为 Desmostylus，全长 2.5 米，属哺乳动物，生活在新生代晚第三纪中新世的北太平洋海域。日本出土过大量索齿兽化石，因此它们也就成了日本具有代表性的古生物，你在日本国内多家博物馆中都能参观到索齿兽的化石或全身复原骨骼。捕猎的画面我参考了田中康弘所著《日本人在吃什么肉？》（日本人は、どんな肉を喰ってきたのか，枻出版社出版）中捕猎北海狮的描写。

**应该有人在海洋馆里见过它们**（第 204—205 页）

实际上应该也有人在博物馆里见过它们的全身复原骨骼化石。而且，有些海洋馆也举办过索齿兽的主题展览。

**索齿兽和河马在四肢与躯干的连接方式上有区别**（第 205 页）

索齿兽没有现生的近亲物种，关于全身的复原，不同专家的意见差别很大，有人的复原以北极熊为蓝本，有人的复原以鳍脚类动物为蓝本。不同的专家各自利用不同的现生哺乳动物进行参考复原，谁也无法得出结论。日本北海道的足寄动物化石博物馆中展览着根据不同理念复原而成的索齿兽全身骨骼，有机会的话请你亲自去看看，比较一下不同复原理念的差异。

**主要以海藻和一些底栖的无脊椎动物为食**（第 205 页）

依据为日本国立科学博物馆的甲能直树等人的研究。对索齿兽目牙齿中的氧和碳进行稳定同位素分析后，研究人员发现索齿兽与鳍脚类动物以及海豚的亲缘关系较近，另外，研究人员在分析过索齿兽下颌的运动方式后指出，索齿兽擅长"以吸入的方式捕食"。

**它们甚至偶尔还会游到远洋之上**（第 205 页）

依据为本书审校者林昭次于 2013 年发表的论文。索齿兽的四肢虽未演化成鱼鳍状，但骨骼的构造和现生的远洋动物相似。通过这一点，人们分析索齿兽"擅长游泳""能够游到远洋之上"。

**索齿兽的肉……还会散发出甘甜的滋味**（第 206 页）

林昭次提出北海狮为索齿兽味道的参考。《日本人在吃什么肉？》中写道"放过血的北海狮肉就像鹿肉"，同时指出其味道"硬要比喻的话，有点儿像鲸鱼肉，但也有独特的风味……细细咀嚼还会散发出甜味，和鲸鱼肉的差别更加显著"，总之，应该挺好吃的。

## P211—214 约瑟夫巨豚

**只有经验丰富的猎人才能获准持有步枪**（第 211 页）

根据东云辉所著的《为初学者写的狩猎教科书》（これから始める人のための狩猟の教科書，秀和系统出版），若想获得持有步枪的许可，你必须持有其他火器类枪械（主要是霰弹枪）许可证 10 年以上。步枪的威力就是这么大，它比霰弹枪的射程更长，某些条件下甚至可以射飞距离 3 千米以上的目标。用于狩猎的步枪子弹都经过了特殊处理，让弹头容易爆开，让动能可以更轻易地转化为碰撞的能量。在猎杀大型猎物时，是非常好用的工具。

**约瑟夫巨豚**（第 211 页）

拉丁文学名为 Josephoartigasia，化石发现于乌拉圭的新生代晚第三纪上新世地层，学名源自乌拉圭的一位英雄。

**水豚属于大型啮齿类，钻进温泉的样子尽人皆知**（第 211 页）

仅考虑现生物种的话，水豚是最大的啮齿动物。

**约瑟夫巨豚下颌的力量……可以达到门齿的三倍**（第 212 页）

这是 2015 年英国约克大学的菲利普·考克斯（Philip G. Cox）通过计算机分析得出的结果。结果显示，约瑟夫巨豚门齿的咬合力实际可达 1400 牛顿。

**约瑟夫巨豚具有用门齿掘土，寻找植物根茎的习性**（第 212 页）

2015 年考克斯等人的论文指出，约瑟夫巨豚的门齿可以用来挖土，或者对抗捕食者，进行自保，但是否能用来"挖掘植物根茎"依然存疑。

**站在稍远的地方射出无铅子弹，一招制敌**（第 212 页）

《为初学者写的狩猎教科书》指出，为了防止野生动物误食含铅子弹导致铅中毒，捕猎用的子弹弹头均推荐使用铜制、铁制或钨合金制。

**从味道和外观上看，约瑟夫巨豚的肉和偏瘦的猪肉是差不多的**（第 212 页）

本书的审校者木村由莉认为，水豚可以作为约瑟夫巨豚的味道参考。《水豚：一种出色的新热带界物种的生物学、应用和保育》（*Capybara: Biology, Use and Conservation of an Exceptional Neotropical Species*）一书整理了关于水豚的各种信息，书中提到水豚肉的味道近似猪肉。

### P218—221 巨齿鲨

**巨齿鲨是体长超过 10 米……长达 16 米左右的个体**（第 218 页）

日本古生物学会编辑的《古生物学事典·第二版》（古生物学事典 第二版，朝仓书店出版）中记载的巨齿鲨体长为 11—20 米，有很大的范围，这是因为目前人们只发现过巨齿鲨牙齿的化石，且无法确知该牙齿在口腔中的具体位置。即便是同一个体，牙齿生长的位置不同，对个体大小的判断也会不同，所以以此推断巨齿鲨的全长非常困难。这里提到的数值，也已经被多份资料接受和采用。另外，过去人们认为世界各地的巨齿鲨化石均出土于约1590万—260万年前的地层，但根据美国查尔斯顿大学的罗伯特·博森尼克（Robert W. Boessenecker）于2019年发表的研究，"260万年前"的判断有误，最新的化石应形成于大约351万年前。也就是说，巨齿鲨应灭绝于约351万年前，和大白鲨崛起的时间一致。

### 有时甚至会攻击须鲸（第218页）

人们确实在鳍脚类动物和须鲸的化石上发现过巨齿鲨的咬痕。

### 有的店可能不会管它们叫"巨齿鲨"（第219页）

"巨齿鲨"终究只是根据其特征起的一个俗名，虽然它们十分出名，但学术界对其学名尚有争议。不同的研究者倾向于使用不同的学名，包括Carcharodon megalodon、Carcharocles megalodon、Otodus megalodon、Otodus（Megaselachus）megalodon等。日本使用 Carcharodon megalodon 的情况更多，这是为了显示巨齿鲨和大白鲨（Carcharodon carcharias）是近亲（同属）。

### 跑去卖双壳纲的柜台就耽误工夫了（第219页）

巨齿鲨的种名为"megalodon"，若要将其中的"m"变为大写，意思就会变成一种在白垩纪灭绝的双壳纲贝类伟齿蛤（Megalodon）。

### 起名叫"天狗的利爪"（第219页）

日本江户时代的作家木内石亭所著的《云根志》（雲根志）等书中均有民间将巨齿鲨的牙齿叫作"天狗的利爪"的记录。不过，这种说法不仅限于巨齿鲨，各种鲨鱼的牙齿似乎都被这样叫过。关于这段逸事，感兴趣的读者可以参考拙作《怪异古生物考》（怪異古生物考，技术评论社出版）。

**成熟巨齿鲨的尾鳍加工成鱼翅，长和宽都可以达到 90 厘米**（第 220 页）
这是本书的审校者宫田真也计算出的数值。此数值仅限于将巨齿鲨的尾鳍加工成鱼翅的状态，即去掉软骨，切下可食用部分之后剩余的大小。目前，人们尚未发现巨齿鲨尾鳍的化石。顺便一提，巨齿鲨的背鳍高 90 厘米，宽 1.4 米，胸鳍高 80 厘米，宽 1.4 米左右。

## 提供给想要了解更多的读者的参考资料

在我执笔写作本书之时，主要参考了以下文献资料。

* 本书中提及的动物生存的年代，均出自国际地层委员会（international commission on Stratigraphy, 2018/08, INTERNATIONAL STRATIGRAPHIC CHART），除非另有说明。

一般读物：

『アンモナイト学』編：国立科学博物館，著：重田康成，2001 年刊行，東海大学出版会

『エディアカラ紀カンブリア紀の生物』監修：群馬県立自然史博物館，著：土屋健，2013 年刊行，技術評論社

『美味しいマイナー魚介図鑑』著：ぼうずコンニャク藤原昌高，2015 年刊行，マイナビ

『大人のための「恐竜学」』監修：小林快次，著：土屋健，2013 年刊行，祥伝社

『オルドビス紀・シルル紀の生物』監修：群馬県立自然史博物館，著：土屋健，2013 年刊行，技術評論社

『怪異古生物考』監修：荻野慎諧，著：土屋健，2018 年刊行，技術評論社

『海洋生命5億年史サメ帝国の逆襲』監修：田中源吾，冨田武照，小西卓哉，田中嘉寛，著：土屋健，2018 年刊行，文藝春秋

『奇食珍食』著：小泉武夫，1994 年刊行，中央公論社

『恐竜学名辞典』監修：小林快次，藤原慎一，著：松田眞由美，2017 年刊行，北隆館

『恐竜学入門』著：David E. Fastovsky, David B. Weishampel，2015 年刊行，東京化学同人

『「ゲテ食」大全』著：北寺尾ゲンコツ堂，2005 年刊行，データハウス

『古生物学事典第2版』編集：日本古生物学会，2010 年刊行，朝倉書店

『古生物たちのふしぎな世界』協力：田中源吾，著：土屋健，2017 年刊行，講談社

『古第三紀・新第三紀・第四紀の生物上巻』監修：群馬県立自然史博物館，著：土屋健，2016 年刊行，技術評論社『古第三紀・新第三紀・第四紀の生物下巻』監修：群馬県立自然史博物館，著：土屋健，2016 年刊行，技術評論社

『これから始める人のための狩猟の教科書』著：東雲輝之，2016 年刊行，秀和システム

『三畳紀の生物』監修：群馬県立自然史博物館，著：土屋健，2015 年刊行，技術評論社

『ジビエ教本』著：依田誠志，2016 年刊行，誠文堂新光社

『ジビエ料理大全』2006 年刊行，旭屋出版

『ジュゴンの唄』著：盛口満，2003 年刊行，文一統合出版

『ジュラ紀の生物』監修：群馬県立自然史博物館，著：土屋健，2015 年刊行，技術評論社

『旬の食材別巻肉卵図鑑』2005 年刊行，講談社

『小学館の図鑑NEO［新版］水の生物』指導・執筆：白山義久ほか，2019 年刊行，小学館

『小学館の図鑑NEO動物』指導・執筆：三浦慎吾ほか，2002 年刊行，小学館

『食材魚貝大百科第1巻エビ・カニ類魚類』監修：多紀保彦，武田正倫，近江卓ほか，企画・写真：中村庸夫，1999 年刊行，平凡社

『食材魚貝大百科第3巻イカ・タコ類ほか魚類』監修：多紀保彦，奥谷喬司，近江卓，企画・写真：中村庸夫，2000 年刊行，平凡社

『食材魚貝大百科第4巻海藻類魚類海獣類ほか』監修：多紀保彦，近江卓，企画・写真：中村庸夫，2000 年刊行，平凡社

『食品成分表2018』監修：香川明夫，2018 年刊行，女子栄養大学出版部

『新版絶滅哺乳類図鑑』著：冨田幸光，画：伊藤丙雄，岡本泰子，2011 年刊行，丸善出版

『図解知識ゼロからの畜産入門』著：八木宏典，2015 年刊行，家の光協会

『生命史図譜』監修：群馬県立自然史博物館，著：土屋健，2017 年刊行，技術評論社
『世界のクジラ・イルカ百科図鑑』著：アナリサ・ベルタ，2016 年刊行，河出書房新社
『世界のへんな肉』著：白石あづさ，2016 年刊行，新潮社
『石炭紀・ペルム紀の生物』監修：群馬県立自然史博物館，著：土屋健，2014 年刊行，技術評論社
『そして恐竜は鳥になった』監修：小林快次，著：土屋健，2013 年刊行，誠文堂新光社
『食べられる深海魚ガイドブック』監修：落合芳博，編集：21 世紀の食調査班，協力：静岡県水産技術研究所，2014 年刊行，自由国民社
『中国料理食材事典』著：藤木守，2013 年刊行，日本食糧新聞社
『チンパンジーはなぜヒトにならなかったのか』著：ジョン・コーエン，2012 年刊行，講談社
『デボン紀の生物』監修：群馬県立自然史博物館，著：土屋健，2014 年刊行，技術評論社
『鳥と卵と巣の図鑑』監修：林良博，著：吉村卓三，画：鈴木まもる，2014 年刊行，ブックマン社
『日本漁具・漁法図説』著：金田禎之，1994 年刊行，成山堂書店
『日本人は、どんな肉を喰ってきたのか？』著：田中康弘，2014 年刊行，エイ出版社
『日本の鯨食文化』著：小松正之，2011 年刊行，祥伝社
『白亜紀の生物上巻』監修：群馬県立自然史博物館，著：土屋健，2015 年刊行，技術評論社
『白亜紀の生物下巻』監修：群馬県立自然史博物館，著：土屋健，2015 年刊行，技術評論社

『被差別の食卓』著：上原善広，2005 年刊行，新潮社
『プロのための肉料理大事典』著：ニコラ・フレッチャー，2016 年刊行，誠文堂新光社
『歩行するクジラ』著：J. G. M. シューウィセン，2018 年刊行，東海大学出版部
『北海道化石が語るアンモナイト』著：早川浩司，2003 年刊行，北海道新聞社
『哺乳類の足型・足跡ハンドブック』著：小宮輝之，2013 年刊行，文一統合出版
『ほぼ命がけサメ図鑑』著：沼口麻子，2018 年刊行，講談社
『ホルツ博士の最新恐竜事典』著：トーマス・R・ホルツ Jr，2010 年刊行，朝倉書店
『本当に美味しいカラス料理の本』著：塚原直樹，2017 年刊行，GH
『るるぶ小笠原伊豆諸島』2014 年刊行，ジェイティビィパブリッシング
『魯山人味道』編：平野雅章，著：北大路魯山人，1995 年刊行，中央公論社
『罠ガール (1)』著：緑山のぶひろ，2017 年刊行，KADOKAWA
『ワンダフル・ライフ』著：スティーヴン・ジェイ・グールド，2000 年刊行，早川書房
『Ammonoid Paleobiology』編：Neil H. Landman, Kazushige Tanabe, Richard Arnold Davis, 1996 年刊行，Springer
『Amphibian Evolution』著：Rainer R. Schoch，2014 年刊行，Wiley-Blackwell
『Capybara』編：José Roberto Moreira, Katia Maria P.M.B. Ferraz, Emilio A. Herrera, David W. Macdonald，2012 年刊行，Springer
『Death in the Long Grass』著：Peter Hathaway Capstick，1978 年刊行，St. Martin's Press
『Evolution of Island mammals』著：Alexandra van der Geer, George Lyras, John de Vos, Michael Dermitzakis，2010 年刊行，Wiley-Blackwell
『Guide to Edible Plants and Animals』著：A. D. Livingston，1998 年刊行，Wordsworth Editions Ltd
『New Perspectives on Horned Dinosaurs』著：Michael J. Ryan, Brenda J. Chinnery-Allgeier, David A. Eberth, 2010 年刊行，Indiana University Press
『The Back to the Past Museum Guide to TRILOBITES』著：Enrico Bonino, Carlo Kier, 2010 年刊行，Editrice Velar
『The PRINCETON FIELD GUIDE to DINOSAURS 2ND EDITION』著：Gregory S. Paul，2016 年刊行，

Princeton University Press

『The Rise of Fishes』著：John A. Long, 2010 年刊行, Johns Hopkins University Press

图册：

『恐竜の卵』福井県立恐竜博物館，2017 年
『天然記念物って、なに？』文化庁記念物課

网络资料：

厦門文昌魚，xiamen-hotels，http://www.xiamen-hotels.com/big5/travel/Xiamen_Amphioxus_299.html
オオサンショウウオの身体測定，東京ズーネット，https://www.tokyo-zoo.net/topic/topics_detail?kind=news&inst= ueno&link_num=22410
カラスの肉は美味しいのか？実際に食べてみた，日刊 SPA!，https://nikkan-spa.jp/550265
川の漁法，国土交通省，http://www.mlit.go.jp/river/pamphlet_jirei/kasen/rekishibunka/kasengijutsu12.html 基本の餃子の作り方，隆祥房，https://www.ryushobo.com/recipe/knack/gyoza_tutumi.htm
桜えび豆知識，兼上，https://www.kanejo.jp/hpgen/HPB/entries/51.html
日本食品標準成分表，文部科学省，http://www.mext.go.jp/a_menu/syokuhinseibun/1365419.htm
ビジュアルと味で 2 度驚く！大阪府豊中市の「ワニ肉料理」，at home VOX, https://www.athome.co.jp/vox/series/ life/94580/pages2/
ナメクジウオ，環境省，https://www.env.go.jp/water/heisa/heisa_net/setouchiNet/seto/setonaikai/clm3.html ナメクジウオの話 (2)，文化放送，http://www.joqr.co.jp/science-kids/backnumber_080510.html
BIOMECHANICS OF THE MOUTH APPARATUS OF ANOMALOCARIS: COULD IT HAVE EATEN TRILOBITES？，The Geological Society of America，https://gsa.confex.com/gsa/2009NE/final- program/abstract_155910.htm
Get to Know a Dino: Velociraptor, AMERICAN MUSEUM OF NATURAL HISTORY，https://www.amnh.org/explore/news-blogs/on-exhibit-posts/get-to-know-a-dino-velociraptor
Handball, molten，http://www.molten.co.jp/sports/jp/handball/ball_standards/index.html
Hippopotamus, REDLIST, https://www.iucnredlist.org/species/10103/18567364
Seriema（Cariama cristata），Aves de Franca, https://avesdefranca.wordpress.com/2012/10/05/serie- ma-cariama-cristata/
The Burgess Shale, Royal Ontario Museum, https://burgess-shale.rom.on.ca/en/fossil-gallery/view-spe- cies.php?id=11

新闻报道：
「恐竜が卵を温める方法」を解明！，2018 年 3 月 16 日，名古屋大学博物館
体の骨を溶かして鎧を作った恐竜―骨の内部組織が明らかにした、鎧竜類の特殊な成長様式と進化―，2013 年 7 月 9 日，大阪市立自然史博物館
パレオパラドキシア、アンブロケトゥス 肋骨の強さが絶滅した水生哺乳類の生態を解き明かす，2016 年 7 月 11 日，名古屋大学博物館

学术论文：
峯木真知子，棚橋伸子，設楽弘之，2003，ダチョウ卵の理化学的特性：白色レグホーン種鶏卵との比較，Nippon Shokuh in Kagaku Kogaku Kaishi Vol. 50, No. 6, 266 ～ 271
Ali Nabavizadeh, 2018, New Reconstruction of Cranial Musculature in Ornithischian Dinosaurs: Implica- tions

for Feeding Mechanisms and Buccal Anatomy, THE ANATOMICAL RECORD, p1-16

Allison C. Daley, Gregory D. Edgecombe, 2014, Morphology of Anomalocaris canadensis from the Bur- gess Shale, Journal of Paleontology, 88(1): 68-91

Boris Villier, Lars W. Van Den Hoek Ostende, John De Vos, Marco Pavia, 2013, New discoveries on the giant hedgehog Deinogalerix from the Miocene of Gargano (Apulia, Italy) , Geobios, 46, 63–75

Claudia P. Tambussi, Ricardo de Mendoza, Federico J. Degrange, Mariana B. Picasso, 2012, Flexibility along the Neck of the Neogene Terror Bird Andalgalornis steulleti (Aves Phorusrhacidae). PLoS ONE 7(5): e37701. doi:10.1371/journal.pone.0037701

David C. Evans, 2010, Cranial anatomy and systematics of Hypacrosaurus altispinus, and a compara-tive analysis of skull growth in lambeosaurine hadrosaurids (Dinosauria: Ornithischia), Zoological Journal of the Linnean Society, 159, 398–434

Dian J. Teigler, Kenneth M. Towe, 1975, Microstruc ture and c o m p o sition o f the trilobite exoskele- ton, Fossils and Strata, No.4, pp137-149, Pls.1-9

Duncan JE Murdock, Sarah E Gabbott, Georg Mayer, Mark A Purnell, 2014, Decay of velvet worms (Onychophora), and bias in the fossil record of lobopodians, BMC Evolutionary Biology, 14:222

Federico J. Degrange, Claudia P. Tambussi, Karen Moreno, Lawrence M. Witmer, Stephen Wroe, 2010, Mechanical Analysis of Feeding Behavior in the Extinct "Terror Bird" Andalgalornis steulleti (Gruiformes: Phorusrhacidae). PLoS ONE 5(8): e11856. doi:10.1371/journal.pone.0011856

Fowler, Denver W, 2012, How to eat A Triceratops: Large sample of toothmarks procides new insight into the feeding behavior of Tyrannosaurus, the Sociery of Verebrate Paleontology, Poster ses- sion IV

Gavin C. Young, 2008, The Relationships of Antiarchs (Devonian Placoderm Fishes)-Evidence Supporting Placoderm Monophyly, Journal of Vertebrate Paleontology 28(3):626–636

George E. Mustoe, David S. Tucker, Keith L. Kemplin, 2012, Giant Eocene bird footprints from northwest Washington, USA, Palaeontology, vol.55, Part6, p1293-1305

Isabelle Béchard, Félix Arsenault, Richard Cloutier, Johanne Kerr, 2014, The Devonian placoderm fish Bo-thriolepis canadensis revisited with three-dimensional digital imagery, Palaeontologia Electronica, vol.17, Issue 1, 2A; 19p

Jason P. Downs, Katharine E. Criswell, Edward B. Daeschler, 2011, Mass Mortality of Juvenile Antiarchs (Bothriolepis sp.) from the Catskill Formation (Upper Devonian, Famennian Stage), Tioga County, Pennsylvania, Proceedings of the Academy of Natural Sciences of Philadelphia, 161(1), 191-203

Jean Vannier, Jianni Liu, Rudy Lerosey-Aubril, Jakob Vinther, Allison C. Daley, 2014, Sophisticated digestive systems in early arthropods, NATURE COMMUNICATIONS, 5: 3641, DOI: 10.1038/ ncomms4641

Jeffrey A. Wilson, Dhananjay M. Mohabey, Shanan E. Peters, Jason J. Head, 2010, Predation upon Hatchling Dinosaurs by a New Snake from the Late Cretaceous of India, PLoS Biol vol.8, no.3, e1000322. doi:10.1371/journal.pbio.1000322

Jih-Pai Lin, 2007, Preservation of the gastrointestinal system in Olenoides (Trilobita) from the Kaili Biota (Cambrian) of Guizhou, China, Memoirs of Association of Australian Palaeontologists, 33, 179-189

Johan Lindgren, Peter Sjövall, Volker Thiel, Wenxia Zheng, Shosuke Ito, Kazumasa Wakamatsu, Rolf Hauff, Benjamin P. Kear, Anders Engdahl, Carl Alwmark, Mats E. Eriksson, Martin Jarenmark, Sven Sachs, Per E. Ahlberg, Federica Marone, Takeo Kuriyama, Ola Gustafsson, Per Malmberg, Aurélien Thomen, Irene Rodríguez-Meizoso, Per Uvdal, Makoto Ojika, Mary H. Schweitzer, 2018, Soft-tis- sue evidence for homeothermy and crypsis in a Jurassic ichthyosaur, Nature, 564, 359-365

John R. Peterson, Diego C. Garcia-Bellido, Michael S. Y. Lee, Glenn A. Brock, James B. Jago, Gregory D.

Edgecombe, 2011, Acute vision in the giant Cambrian predator Anomalocaris and the origino f compound eyes, Nature, vol. 480, p237-240

Jostein Starrfelt, Lee Hsiang Liow, 2016, How many dinosaur species were there? Fossil bias and true richness estimated using a Poisson sampling model. Phil. Trans. R. Soc. B 371 : 20150219.

K. A. Sheppard, D. E. Rival, J.-B. Caron, 2018, On the Hydrodynamics of Anomalocaris Tail Fins, Inte- grative and Comparative Biology, volume 58, number 4, pp. 703–711

Kohei Tanaka, Darla K. Zelenitsky , François Therrien, Yoshitsugu Kobayashi, 2018, Nest substrate re- flects incubation style in extant archosaurs with implications for dinosaur nesting habits, Scientific Reports, volume 8, Article number: 3170

Kohei Tanaka, Darla K. Zelenitsky, Junchang LÜ, Christopher L. DeBuhr, Laiping Yi, Songhai Jia, Fang Ding, Mengli Xia, Di Liu, Caizhi Shen, Rongjun Chen, 2018, Incubation behaviours of oviraptoro- saur dinosaurs in relation to body size, Biol. Lett. 14: 20180135

Kohei Tanaka, Lü Junchang, Yoshitsugu Kobayashi, Darla K. Zelenitsky, Xu Li, Qin Shuang, Tang Min' an, 2011, Description and Phylogenetic Position of Dinosaur Eggshells from the Luanchuan Area of Western Henan Province, China, Acta Geologica Sinica, Vol.85, no.1, pp66-74

Konami Ando, Shin-ichi Fujiwara, 2016, Farewell to life on land – thoracic strength as a new indicator to determine paleoecology in secondary aquatic mammals, Journal of Anatomy, doi: 10.1111/ joa.12518

Leif Tapanila, Jesse Pruitt, Alan Pradel, Cheryl D. Wilga, Jason B. Ramsay, Robert Schlader, Dominique A. Didier, 2013, Jaws for a spiral-tooth whorl: CT images reveal novel adaptation and phylogeny in fossil Helicoprion, Biol. Lett. vol.9, 20130057

Leif Tapanila, Jesse Pruitt, Cheryl, D. Wilga, Alan Pradel, 2018, Saws, scissors and sharks: Late Paleozoic experimentation with symphyseal dentition, The Anatomical Record, Special Issue Article

Martina Stein, Shoji Hayashi, P. Martin Sander, 2013, Long Bone Histology and Growth Patterns in Anky- losaurs: Implications for Life History and Evolution, PLoS ONE 8(7): e68590. doi:10.1371/journal. pone.0068590

Mats E. Eriksson, Esben Horn, 2017, Agnostuspisiformis — a half a billion-year old pea-shaped enigma, Earth-Science Reviews, 173, 65–76

Min Zhu, Xiaobo Yu, Per Erik Ahlberg, Brian Choo, Jing Lu, Tuo Qiao, Qingming Qu, Wenjin Zhao, Lian- tao Jia, Henning Blom, You' an Zhu, 2013, A Silurian placoderm with osteichthyan-like marginal jaw bones, nature, vol.502, p188-193

Nicolás E. Campione, 2014, Postcranial Anatomy of Edmontosaurus regalis (Hadrosauridae) from the Horseshoe Canyon Formation, Alberta, Canada, Hadrosaurus, p208-244

O. A. Lebedev, 2009, A new specimen of Helicoprion Karpinsky, 1899 from Kazakhstanian Cisurals and a new reconstruction of its tooth whorl position and function, Acta Zoologica(Stockholm)90(Sup- pl. 1): 171–182

Philip G. Cox, Andrés Rinderknecht, R. Ernesto Blanco, 2015, Predicting bite force and cranial biome- chanics in the largest fossil rodent using finite element analysis, J. Anat., 226, p215-223

Philip J. Currie, Demchig Badamgarav, Eva B. Koppelhus, Robin Sissons, Matthew K. Vickaryous, Hands, feet, and behaviour in Pinacosaurus(Dinosauria: Ankylosauridae), Acta Palaeontologica Polonica, 56 (3): 489–504

Robert H. Denison, 1941, The Soft Anatomy of Bothriolepis, Journal of Paleontology, Vol. 15, No. 5, pp. 553-561

Robert W. Boessenecke, Dana J. Ehret, Douglas J. Long, Morgan Churchill, Evan Martin, Sarah J. Boess- enecker, 2019, The Early Pliocene extinction of the mega-toothed shark Otodus megalodon: a view from the eastern North Pacific. PeerJ 7:e6088 DOI 10.7717/peerj.6088

Ross P. Anderson, Victoria E. McCoy, Maria E. McNamara, Derek E. G. Briggs, 2014, What big eyes you have: the ecological role of giant pterygotid eurypterids, Biol. Lett. 10:20140412. http://dx.doi. org/10.1098/

rsbl.2014.0412

Sara Bertelli, Luis M. Chiappe, Claudia Tamubussi, 2007, A new phorusrhacid (Aves: Cariamae) from the Middle Miocene of Patagonia, Argentina, Journal of Vertebrate Paleontology 27(2):409–419

Shoji Hayashi, Alexandra Houssaye, Yasuhisa Nakajima, Kentaro Chiba, Tatsuro Ando, Hiroshi Sawamura, Norihisa Inuzuka, Naotomo Kaneko, Tomohiro Osaki, 2013, Bone Inner Structure Suggests Increasing Aquatic Adaptations in Desmostylia (Mammalia, Afrotheria), PLoS ONE, 8(4): e59146. doi:10.1371/journal. pone.0059146

# 审校者简介

在简历的结尾，各位专家也发表了关于烹饪和食物的感想，评点了"美味的菜品必不可少的东西"。

## 厨师顾问

### 松乡庵甚五郎 第二代老板

松乡庵甚五郎 1984 年创立于日本埼玉县所择市，除了追求美味，他们也很重视让顾客吃得安心、安全。松乡庵甚五郎的荞麦面和乌冬面均用独家的做法制作，店面充满木头的温度，相信食客可以在享受美食的同时，感受到怀旧的气息。"让食客吃得开心"是他们最重要的考虑。松乡庵甚五郎运营有官方网站和各种社交媒体。

https://m-jingorou.com

## 古生物食堂研究团队

### 栗原宪一

Geo Labo 公司董事长、北海道博物馆的客座研究员。2003—2015 年担任北海道博物馆研究员（负责博物馆展览与教育），2019 年 6 月利用博物馆的工作经验创业，对地方上的科学类活动（如地质公园等）和展览活动给予支持。认为美味的菜品必不可少的就是了解食材的季节性，如此便可达成体会食材的味道与了解其背后的故事的双重享受。

## 木村由莉

日本国立科学博物馆地质学研究部门生物进化史研究团队成员，古生物学家，研究方向为陆生哺乳动物化石，痴迷于小型哺乳动物的进化史和古生态。正在努力从牙齿化石中解读动物的古生态，还在进行实验动物的饲育，培养新人饲养员。最近每天都在用实验室的耐高温烧杯泡清香的绿茶喝。

## 高崎龙司

北海道大学理学院博士在读，对动物的饮食和进化的关联很感兴趣，目前正在通过胃内容物化石研究恐龙的消化器官，并对鸟脚类恐龙进行了分类和记载。在美食方面，他提出不要忘记对食材的培育者、制作美食的厨师以及化为食材的动植物心怀感恩。恐龙等野生动物每天都在为填饱肚子拼死努力，制定各种战略，我们也要为每天不必挨饿，能吃到饭菜而表示感激。对了，今天的饭菜也很好吃！

## 久保田克博

理学博士，兵库县立人与自然博物馆研究员，在日本兵库县的丹波地区以及蒙古的戈壁沙漠上，以小型兽脚类恐龙为中心，进行恐龙的分类研究与记载。学生时代曾亲手制作饭菜，但工作之后则更加重视饮食的方便性，深信投入食物中的爱与热情比味道更加重要，不过这终究只是理想罢了（笑）。

## 田中源吾

金泽大学国际基干教育院助教、熊本大学合津临海实验站客座副教授（兼职），毕业于岛根大学，静冈大学理学博士。先后担任金泽大学、莱斯特大学、京都大学研究员、群马县立自然史博物馆研究员、日本国立海洋研究开发机构成员、熊本大学合津临海实验站特任副教授后，担任现职。认为美味的菜品必不可少的是饭后的甜点和咖啡，总是被红豆包和咖啡的绝妙组合治愈内心。

## 田中康平

生于名古屋市，筑波大学生命环境系助教。毕业于北海道大学理学部，卡尔加里大学地球科学系博士。担任过鸣鼓大学博物馆特任研究员。研究方向为通过研究恐龙蛋、恐龙幼崽与父母的化石，分析恐龙乃至鸟类的繁殖、育幼行为的进化。认为美味的菜品必不可少的是米其林三星餐厅。

## 千叶谦太郎

冈山理科大学生物地球学院生物地球科学课程助教，在加拿大和蒙古挖掘恐龙化石的同时，以尖角龙和原角龙为中心进行古生物分类学研究，同时利用保存于足骨等结构内的"年轮"，对恐龙的成长进行分析。爱吃生肉，要是真的能吃到亚冠龙烤肉的话，希望只是简单烤一下就吃。

## 田中公教

兵库县立人与自然博物馆恐龙化石部门主任，支持利用兵库县发现的恐龙化石等各种化石开展教育普及活动，研究兴趣在于恐龙时代有牙齿的鸟类和它们的羽毛，尤其是白垩纪以来出现的潜水鸟类和不会飞的海鸟的进化过程。认为美味的菜品必不可少的是花费时间的制作过程，请耐心地烹饪美食吧！

## 林昭次

冈山理科大学生物地球学院生物地球科学讲师，理学博士，研究方向为骨骼的内部构造、脊椎动物大型化、小型化的因素和动物适应水栖的原因，至今研究过的动物对象各式各样，从灭绝的恐龙、蛇颈龙、索齿兽，到现生的鹿、企鹅、鳄鱼等不一而足。认为美味的菜品必不可少的用餐是环境，菜品本身的质量自不必说，一起用餐的人和场所是否美好一样重要。

## 田中嘉宽

大阪市立自然博物馆研究员，兼任北海道大学综合博物馆研究员，在新西兰奥塔哥大学研究海豚的进化并取得博士学位，专业为鲸等海洋哺乳动物的进化（古生物学）。最喜欢的调味料是醋。将化石从岩石中取出时，人们用醋等酸性物质使岩石溶化，因此不管是用来食用还是用来做化石研究，醋都是很重要的（不过用来溶化岩石的并不是食醋）。

## 宫田真也

城西大学水田纪念博物馆大石化石陈列馆研究员，理学博士，研究方向为日本和海外白垩系至新生界产出的鱼类化石的分类。为了研究鱼类化石，有时候也要用现生鱼类的骨骼做对比。对烹饪的看法是：对烹饪者而言，最重要的是食材的新鲜程度、对食材相关知识的掌握，以及烹饪技术，而对食客而言，最重要的是吃之前的空腹感，以及"吃进去的都是生命"的认识。